"绿美东莞·品质林业"系列书籍

东莞市大岭山森林公园
大型真菌图鉴

主 编 ◎ 李 挺　张尚坤　张　明　邓爱良　李炳华

"绿美东莞·品质林业"系列书籍

《东莞市大岭山森林公园大型真菌图鉴》

主　　编：李　挺　张尚坤　张　明　邓爱良　李炳华

策　　划：王颢颖

特约编辑：吴文静

图书在版编目（CIP）数据

东莞市大岭山森林公园大型真菌图鉴 / 李挺等主编 . 北京 : 中国林业出版社 , 2024. 12. -- ("绿美东莞·品质林业"系列书籍) . --ISBN 978-7-5219-2935-5

Ⅰ . Q949.320.8-64

中国国家版本馆 CIP 数据核字第 2024PG2894 号

责任编辑　　张　健
版式设计　　柏桐文化传播有限公司

出版发行　　中国林业出版社（100009，北京市西城区刘海胡同 7 号，电话 010-83143621）
电子邮箱　　cfphzbs@163.com
网　　址　　www.cfph.net
印　　刷　　北京雅昌艺术印刷有限公司
版　　次　　2024 年 12 月　第 1 版
印　　次　　2024 年 12 月　第 1 次印刷
开　　本　　889 mm×1194 mm　1/16
印　　张　　11.25
字　　数　　300 千字
定　　价　　148.00 元

丛书编委会

主　　任：黄德洪　邢福武

副 主 任：陈红锋　赵玮辛　江日年　苏景旺　魏元春　徐正球

委　　员（按姓氏拼音排序）：
　　　　　邓爱良　邓应生　方晓峰　付　琳　韩锡君　李炳华
　　　　　桑　文　袁财圣　张礼标　张尚坤

本书编委会

组编单位：广东省科学院微生物研究所
　　　　　东莞市大岭山森林公园

主　　编：李　挺　张尚坤　张　明　邓爱良　李炳华

副 主 编：邓旺秋　邓应生　王超群　袁财圣　肖正端　麦智翔
　　　　　林　敏　庄会霞

编　　委（按姓氏拼音排序）：
　　　　　陈　军　陈轩阳　陈志明　陈灼康　邓爱良　邓旺秋
　　　　　邓应生　戴国辉　古严才　黄　浩　黄秋菊　黄晓晴
　　　　　黄越平　江一帆　黎少辉　李　挺　李炳华　林　敏
　　　　　麦智翔　谭秉章　王　华　王超群　王少云　温志祥
　　　　　肖正端　严春俭　叶德胜　叶亮新　叶卫钟　袁财圣
　　　　　张　明　张尚坤　钟国瑞　钟学明　庄会霞

摄影人员（按姓氏拼音排序）：
　　　　　邓旺秋　黄　浩　黄秋菊　李　挺　孙瑞华　张　明
　　　　　钟国瑞

前言 PREFACE

东莞市大岭山森林公园为"广东省旅游示范基地""东莞市科普教育基地"和市民节假日必去之地。生态资源和植被覆盖率是公园自然景观的最重要组成部分。公园的生物多样性具有一定的典型性、独特性和代表性。随着森林资源得到有效保护，大岭山森林公园基础配套设施日趋完善，景点景观不断丰富，入园游客逐年攀升。然而由于公园地处于珠三角经济高度发达地区，且周边人类活动较为活跃，生态环境受到一定的干扰和威胁。因此，亟需对整个森林公园的生物多样性状况进行系统全面的调查研究。

东莞市大岭山森林公园位于东莞市西南部，珠江口的东北部，北至厚大路，东以大岭山山体为界线，东南以莲花山东南山腰为界，西南至大岭山林场场部，西北至厚街大迳村，横跨四镇一场（厚街镇、虎门镇、长安镇、大岭山镇、大岭山林场），面积约54.4 km^2（2019年8月公园经营范围调整）。2017年5月大岭山森林公园成为广东省首批被认定的"四星级森林公园"之一。2019年6月加挂东莞市马山、灯心塘和莲花山自然保护区管理所牌子。公园范围为113°42′22″~113°48′12″E、22°50′00″~22°53′32″N，属低山、丘陵地貌，最高点茶山顶海拔530.1 m。森林覆盖率93.2%。年平均气温为23.6℃。年平均降水量1700~1800 mm，4~9月为雨季，降水量占全年的80%以上，灾害性天气以台风雨为主。森林公园地带性土壤为赤红壤，土层深厚，一般厚度在100 cm以上，有机质多，比较肥沃，pH值5~5.5，偏酸性。

迄今对公园动植物多样性调查研究，已有一些成果。根据前期野外调查结果，统计出大岭山森林公园内现有维管植物154科550属831种植物（含变种和栽培种），其中被子植物126科501属764种（含变种和栽培种）、裸子植物8科16属20种、蕨类植物20科33属47种。最近一次对大岭山森林公园的调查记录到兽类23种、鸟类71种、爬行类17种、两栖类10种、鱼类26种，结合历史资料，东莞大岭山森林公园共有兽类31种、鸟类121种、爬行类37种、两栖类19种、鱼类26种。

大型真菌与动植物一样，都是自然生态系统中不可或缺的重要组成，更是大自然赐予人类的宝贵资源。在自然生态系统中，真菌总体上属于异养生物，是主要营养元素循环、物质转化和能量流动过程中的重要参与者。它们利用有机体及其消费者剩余和排泄的有机物质获取营养而繁殖生长。菌体本身又可被其他生物所利用。如果没有真菌，森林生态系统或其他

环境中的植物（甚至其他生物）残体就难以分解，有机物及相关的元素就无法循环。大型真菌通常通过腐生、互利共生、寄生等形式，直接或间接地作用于生态系统，起到物质转化和能量流动的作用，使整个生态系统得以维持和延续。腐生型大型真菌一般包括木生菌、土生菌和粪生菌等。寄生型大型真菌有植物病原菌、虫生菌和菌生菌等。

真菌对于植物的正常生长至关重要，大多数高等植物都有共生真菌，甚至离开了共生真菌就无法正常生长。共生型大型真菌最常见的是外生菌根菌，它们与高等植物形成了互惠共生体，在生态系统的演化过程中发挥重要的功能。也有一些大型真菌在形成大型菌体前以菌丝形态作为植物的内生真菌，某些种类（或某些种类在某些特定时期）对植物生长是有利的，而在另一特定时期或条件下又可成为对植物有害的病原菌，最终在植物体（或残体）上形成大型的菌体。

大型真菌对人类经济和社会活动同样具有巨大的影响。按其作用可分为食用菌、药用菌、植树造林用的共生菌、有毒大型真菌（毒蘑菇）和植物病原菌等。近年，食用菌产业已成为我国的第五大种植业。以灵芝、虫草、茯苓、云芝等药用大型真菌菌体或菌丝体发酵生产的药物或保健食品得到广泛应用，大型真菌对提高人类的生活水平和促进医疗与健康事业的发展有着重要的作用。当然，大型真菌的危害也不容忽视，如由于误食毒蘑菇而中毒死亡的人数已连续多年排在全国各类食物中毒死亡人数之首。此外，人们经常看到的木生大型真菌，实际上许多种类也是植物病原菌，它们可寄生于植物的活体上，逐渐侵害植物机体，造成林业和农业的重大经济损失。大型真菌物种极为丰富，但大部分仍未被科学认识，制约了人类对有益物种的可持续开发利用及对有害物种的防治。我国是世界上生物多样性最丰富的国家之一，而自然保护区或森林公园正是保护生物资源最重要的场所。因此，我国大部分保护区或森林公园都开展了大型真菌多样性的调查。

在项目实施期内，对大岭山森林公园调查区域进行了5次野外调查采集，主要采集地点包括山猪坑、水翁湿地、珍稀植物园、环湖步道、灯心塘保护区、碧幽谷、茶山顶等多个植被较好的区域。共采集大型真菌标本456号，保藏在广东省科学院微生物研究所真菌标本馆

中（国际代码GDGM）。对所有采集标本进行了数据信息录入，内容包括标本号、照片编号、采集地点、采集时间、采集人等，可通过标本号查询到相应的数据信息。本项目共拍摄东莞大岭山大型真菌生境照片6300余张。采用形态学结合分子生物学的鉴定方法，共鉴定大型真菌有148种，涉及2门6纲14目47科89属，其中子囊菌门真菌10种，涉及3纲4目6科8属；担子菌门真菌138种，涉及3纲10目41科81属鉴定。黏菌2种。合计鉴定大型菌物150种。

  本书参照李玉等（2015）的种类排列方法，并根据实际内容略作改动而按宏观形态分为九大类群，即子囊菌类群，胶质菌类群，珊瑚菌类群，多孔菌、齿菌和革菌类群，鸡油菌类群，伞菌类群，牛肝菌类群，腹菌类群，黏菌类群。各部分的种类按其学名的字母顺序排列。

  本书是大岭山大型真菌研究成果的一部分，并未完全反映所有的研究成果。这一方面是由于调查时间较短，又适逢疫情肆虐，出行困难，采集的次数和标本量严重受限。另一方面则是由于近十年真菌分类学技术发展十分迅速，新的研究成果显示我国许多种类都是非常独特的，一些早期以形态学广义种的概念而鉴定的种类还有待进一步复查。为了尽可能避免错误，本书只收录了其中的150种（含黏菌2种），余下的种类留作日后复核后再续出版。

  这也是东莞地区第一本森林公园大型真菌图志。虽然与华南地区已知物种比较，包括的种类不算多，但作者仍然希望，本书可为广大读者认识东莞森林公园常见的大型真菌提供参考，为今后更全面的研究奠定基础。

  本书的完成得到了东莞市大岭山森林公园综合科考项目（441901-2021-08594）和科技基础资源调查专项（2022FY100500）的资助。

编者
2024年6月

目 录 CONTENTS

前言

东莞市大岭山森林公园大型真菌多样性概述

一、大型真菌调查采集 2
二、大型真菌物种组成 3
三、大型真菌资源分析 4

子囊菌

小孢盘菌 6
柱形虫草 7
蛾蛹虫草（无性型）..................... 8
黑轮层炭壳 9
橙红二头孢盘菌 10
江西线虫草 11
假小疣盾盘菌 12
窄孢胶陀盘菌 13
古巴炭角菌 14
黑柄炭角菌 15

胶质菌

毛木耳 17
中国胶角耳 18
桂花耳 19
银耳 20
橙黄银耳 21

珊瑚菌

脆珊瑚菌 23
栗柄锁瑚菌（参照种）................ 24
中华丽柱衣 25

多孔菌、齿菌和革菌

白栓菌 27
潮润布氏多孔菌 28
魏氏集毛孔菌 29
红贝俄氏孔菌 30
血红密孔菌 31
分隔棱孔菌 32
南方灵芝 33
灵芝 34
热带灵芝 35
糖圆齿菌 36
光盖蜂窝孔菌 37
薄蜂窝孔菌 38
大白齿菌 39
白囊耙齿菌 40

漏斗香菇	41
翘鳞香菇	42
蜂窝新棱孔菌（参照种）	43
黄褐小孔菌	44
纤毛革耳	45
短小多孔菌	46
柄杯菌属种类	47
三河多孔菌	48
菌核多孔菌	49
谦逊兰氏迷孔菌	50
假芝	51
竹生干腐菌	52
云芝	53
白赭多年卧孔菌	54

鸡油菌

黄绿鸡油菌	56

伞菌

白脐凸蘑菇	58
黑顶蘑菇	59
宾加蘑菇	60
番红花蘑菇	61
长柄蘑菇	62
平田头菇	63
田头菇	64
草鸡㘵鹅膏	65
致命鹅膏	66
小托柄鹅膏	67
糠鳞杵柄鹅膏	68
格纹鹅膏	69
大果鹅膏	70
欧氏鹅膏	71
卵孢鹅膏	72
假褐云斑鹅膏	73
土红鹅膏	74
亚球基鹅膏	75
残托鹅膏有环变型	76
绒毡鹅膏	77
锥鳞白鹅膏	78
粟粒皮秃马勃	79
黄盖堪多小脆柄菇	80
皱波斜盖伞	81
阿帕锥盖伞	82
莫氏锥盖伞	83
花脸香蘑	84
绒柄裸脚伞	85
白小鬼伞	86
家园小鬼伞（参照种）	87
晶粒小鬼伞	88
拟鬼伞（参照种）	89
蓝鳞粉褶蕈	90
丛生粉褶蕈	91
浅黄绒皮粉褶蕈	92
近江粉褶蕈	93
佩奇粉褶蕈	94
沟纹粉褶蕈	95
喇叭状粉褶菌	96
陀螺老伞	97
橙褐裸伞	98
热带紫褐裸伞	99
臭裸脚伞	100
华丽海氏菇	101
长根小奥德蘑	102
丛生垂幕菇（参照种）	103
毒蝇歧盖伞	104
小红蜡蘑	105
红蜡蘑	106

白黄乳菇	107
冠状环柄菇	108
橘鳞白环蘑	109
白垩白鬼伞	110
易碎白鬼伞	111
洛巴伊大口蘑	112
树生微皮伞	113
半焦微皮伞	114
伯特路小皮伞	115
红盖小皮伞	116
茉莉香小皮伞	117
棕榈小皮伞	118
素贴山小皮伞	119
白丝小蘑菇	120
糠鳞小蘑菇	121
球囊小蘑菇（参照种）	122
大变红小蘑菇	123
暗红鳞小蘑菇	124
变黄红小蘑菇	125
皮氏小菇	126
薄肉近地伞	127
巨大侧耳	128
肺形侧耳	129
狮黄光柄菇	130
裂盖光柄菇（参照种）	131
丁香假小孢伞	132
毛伏褶菌	133
变黄红菇	134
小红菇小变种	135
黑盖红菇	136
点柄黄红菇	137
裂褶菌	138
间型鸡㙡	139
小果鸡㙡	140
雪白草菇	141
天蓝黄蘑菇	142

牛肝菌

疣柄似粉孢牛肝菌	144
黑紫黑孢牛肝菌	145
东方褐盖金牛肝菌	146
青木氏小绒盖牛肝菌	147
美丽褶孔牛肝菌	148
阔裂松塔牛肝菌	149
淡紫粉孢牛肝菌	150
大津粉孢牛肝菌	151
孔褶绒盖牛肝菌	152

腹菌

爪哇地星	154
变紫马勃（参照种）	155
彩色豆马勃	156
黄硬皮马勃	157
光硬皮马勃	158

黏菌

暗红团网菌	160
锈发网菌	161

参考文献 162

中文名索引 166

学名索引 168

东莞市大岭山森林公园大型真菌多样性概述

一、大型真菌调查采集

项目调查的范围包括大岭山下辖的厚街镇、虎门镇、长安镇、大岭山镇、大岭山林场等地的森林公园和自然保护区,重点调查地点包括大岭山林科园、环湖绿道、白石山景区、厚街广场、翠绿步径、长安广场、杨屋马鞍山生态公园、霸王城、樱园、珍稀植物园、山猪坑、大溪步道、沙溪步径、灯心塘、碧幽谷、茶山顶、大板水库等具有代表性和大型真菌高发的地点。在考察区域内,针对不同生境类型(如森林、草地、湿地等)、不同林型(阔叶林、针叶林、竹林等)、不同坡向(如南北坡、东西坡)、不同海拔(如1~300 m、300~500 m、500 m以上)、不同时间(2月、5月、6月、7月、11月),对大型真菌种类采用踏查法进行广泛调查和标本采集(图1),记录和拍摄这些种类的野外形态和生态环境;制作大型真菌标本,并保藏在广东省科学院微生物研究所真菌标本馆(GDGM)中。

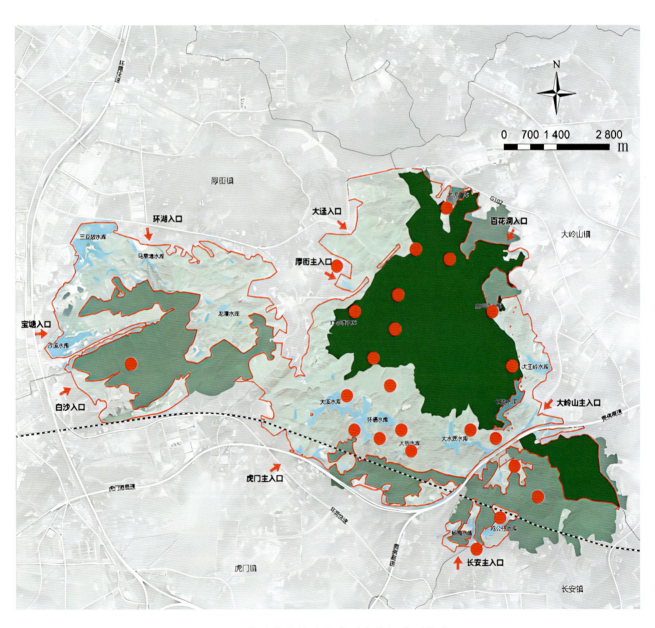

图1 大岭山森林公园大型真菌标本采集点

二、大型真菌物种组成

利用形态学结合分子生物学的方法，共鉴定大岭山森林公园调查区域大型真菌148种，涉及2门6纲14目47科89属，其中子囊菌门真菌10种，涉及3纲4目6科8属；担子菌门真菌138种，涉及3纲10目41科81属。黏菌2种。经统计分析，大岭山森林公园大型真菌优势科中，蘑菇科Agaricaceae物种数目最多，达18种；其次是多孔菌科Polyporaceae，17种；鹅膏科Amanitaceae，13种。这些科所含物种数目约占调查物种数的35%（图2）。优势属为鹅膏属Amanita，14种；粉褶菌属Entolama，7种；小蘑菇属Micropsalliota，5种；小皮伞属Marasmius，5种；红菇属Russula，5种。这些属所含物种数目约占调查物种数的27%（图3）。

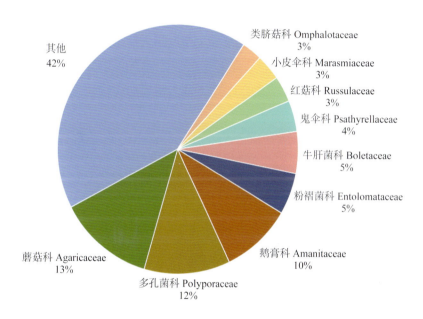

图2 大岭山大型真菌各科占比

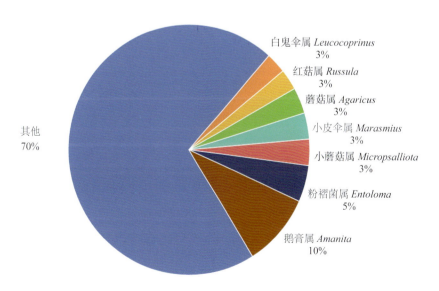

图3 大岭山大型真菌各属占比

三、大型真菌资源分析

通过对大岭山森林公园大型真菌资源按食用、药用以及毒菌进行分析评估，结果显示大岭山森林公园现发现食用菌 20 种、药用菌 20 种、毒菌 19 种。

（一）野生食用菌资源

大岭山森林公园具有较好开发应用前景的食用菌资源包括洛巴伊大口蘑（金福菇）*Macrocybe lobayensis*、巨大侧耳（猪肚菇）*Pleurotus giganteus*、间型鸡㙡 *Termitomyces intermedius*、小果鸡㙡 *T. microcarpus*、银耳 *Tremella fuciformis*、雪白草菇 *Volvariella nivea* 等物种。其中洛巴伊大口蘑、巨大侧耳、银耳、雪白草菇可通过组织分离进行人工栽培。

（二）药用菌资源

大岭山森林公园药用菌资源的功效活性包括抑肿瘤、降血压、抗血栓、增强免疫、抗炎、消肿、止血等。其中具有较好开发应用前景的药用菌包括蛾蛹虫草 *Cordyceps polyarthra*、血红密孔菌 *Fabisporus sanguineus*、灵芝 *Ganoderma lingzhi*、热带灵芝 *Ganoderma tropicum*、假芝 *Sanguinoderma rugosum*、黑柄炭角菌 *Xylaria nigripes* 等。其中，假芝对 ABTS 自由基和羟基自由基均有较好的清除作用，且清除效果优于灵芝和紫灵芝，是非常好的抗氧化材料，极具开发利用价值；黑柄炭角菌的菌核乌灵菌通过提高脑中 5-HT 和 GABA 含量，能起到有明显的改善睡眠的功效。

（三）毒菌资源

在 19 种毒菌中，鹅膏属物种有 9 种，占毒蘑菇总数的 47%，其中有剧毒的种类包括致命鹅膏 *Amanita exitialis*（急性肝脏损害型）、欧氏鹅膏 *A. oberwinklerana*（急性肾脏损害型）、假褐云斑鹅膏 *A. pseudoporphyria*（急性肾脏损害型）、土红鹅膏 *A. rufoferruginea*（神经精神型）、残托鹅膏有环变型 *A. sychnopyramis* f. *subannulata*（神经精神型）。其他科属的毒蘑菇有毒环柄菇 *Lepiota venenata*（急性肝脏损害型）、热带紫褐裸伞 *Gymnopilus dilepis*（神经精神型）、近江粉褶蕈 *Entoloma omiense*（胃肠炎型）、丛生垂幕菇（参照种）*Hypholoma* cf. *fasciculare*（胃肠炎型）等。其中，致命鹅膏含极毒的环肽毒素，会引发肝衰竭，致死率高，是广东乃至我国致人死亡的主要毒蘑菇；近江粉褶蕈常被误认为间型鸡㙡（"荔枝菌"）而食用，造成中毒。

（四）保护物种评估

调查发现 1 种近危（NT）物种，即洛巴伊大口蘑 *Macrocybe lobayensis*，又名巨大口蘑、大白口蘑、裂片口蘑，商品名为金福菇，20 世纪 80 年代，印度人首先栽培成功，随后在我国华南地区实现人工栽培，随着技术的不断提高，洛巴伊大口蘑的资源及应用范围将不断扩大。

子囊菌

子囊菌

小孢盘菌

Acervus epispartius (Berk. & Broome) Pfister

| 形态特征 | 子实体直径至3 cm,幼时杯状,边缘内卷,渐平展成不规则盘状或碟状,无柄,边缘平展至外卷,后期子实体会自溶,黄色至橙黄色,表面平滑。子囊密生于子囊盘上,近圆柱形,每个子囊有8个子囊孢子。子囊孢子6~7 μm × 3.5~4 μm,椭圆形至宽椭圆形,两端钝圆,表面光滑,无色。

| 生　　境 | 夏秋季单生或群生于林中落叶层下富含腐殖质的地上。

| 引证标本 | GDGM88485,2022年5月20日,采集于东莞市杨屋马鞍山生态公园。

| 讨　　论 | 食毒不明。

柱形虫草

Cordyceps cylindrica Petch.

| 形态特征 | 子座长4~8 cm，由寄主虫茧长出，圆柱形。上部可育部分长1~3 cm，直径3~5 mm，圆柱形，与不育菌柄分界明显，淡黄色至淡肉粉色。下部不育菌柄长3~5 cm，直径2~4 mm，白色至淡黄色。子囊550~800 μm × 4.5~6 μm，线形。子囊孢子比子囊略短，无色透明，具多个分隔，易断裂成2.5~5.5 μm × 1~1.8 μm的分孢子。
| 生　　境 | 夏秋季生于蜘蛛虫茧上。
| 引证标本 | GDGM88306，2022年5月16日，采集于东莞市大岭山森林公园环湖绿道东段。
| 讨　　论 | 食毒不明。

子囊菌

蛾蛹虫草（无性型）（细柄棒束孢）

Cordyceps polyarthra Möller

| 形态特征 | 无性分生孢子体寄生于蛾蛹上，由多根孢梗束组成。虫体被灰白色或白色菌丝包被。孢梗束高2~3.8 cm，群生或近丛生，常有分枝。孢梗束柄纤细，黄白色、浅青黄色、蛋壳色至米黄色，部分偶带淡褐色，光滑。上部多分枝，白色，粉末状。分生孢子2~3 μm × 1.5~2 μm，近球形至宽椭圆形。

| 生　　境 | 生于林中枯枝落叶层或地下蛾蛹等上。

| 引证标本 | GDGM88310，2022年5月16日，采集于东莞市大岭山森林公园环湖绿道东段。

| 讨　　论 | 药用，补虚，保肺益肾。

黑轮层炭壳（炭球菌）

Daldinia concentrica (Bolton) Ces. & De Not.

形态特征	子座直径2~6.5 cm，高2~6 cm，扁球形至不规则土豆形，多群生或相互连接，初褐色至暗紫红褐色，后黑褐色至黑色，近光滑，光滑处常反光，成熟时出现不明显的子囊壳孔口。子座内部木炭质，剖面有黑白相间或部分几乎全黑色至紫蓝黑色的同心环纹。子座色素在氢氧化钾中呈淡茶褐色。子囊壳埋生于子座外层，往往有点状的小孔口。子囊150~200 μm × 10~12 μm。子囊孢子12~17 μm × 6~8.5 μm，近椭圆形或近肾形，光滑，暗褐色，发芽孔线形。
生　　境	生于阔叶树腐木和腐树皮上。
引证标本	GDGM89759，2022年6月22日，采集于东莞市大岭山森林公园珍稀植物园。
讨　　论	药用，治疗惊风。

子囊菌

橙红二头孢盘菌

Dicephalospora rufocornea (Berk. & Broome) Spooner

| 形态特征 | 子囊盘直径 1~3.5 cm，盘形至近盘形，基部有柄状基或短小的菌柄。子实层面朝上，橙红色、橙黄色至污黄色。朝下的囊盘被黄色、污黄色至近黄白色，近边缘处带橙色至橙黄色。菌柄短，淡黄色至污黄色，基部暗褐色。子囊 110~160 μm × 13~16 μm，近圆柱形至近棒形，孔口遇碘液变蓝色。子囊孢子 25~46 μm × 4~7.2 μm，长梭形至近圆柱形，无色，光滑，两端具透明附属物。

| 生　　境 | 夏秋季生于林中腐木上。

| 引证标本 | GDGM87294，2021 年 11 月 3 日，采集于东莞市大岭山森林公园。

| 讨　　论 | 食毒不明。

子囊菌

江西线虫草

Ophiocordyceps jiangxiensis (Z. Q. Liang, et al.) G. H. Sung, et al.

| 形态特征 | 子座长 45~80 mm，直径 3~5 mm，由寄主头部长出，簇生或丛生，柱状，可分枝，淡褐色，无不育尖端，表面易长出绿色霉菌。子囊 400~450 μm × 7~7.5 μm，棒形。子囊孢子 5.5~7 μm × 1~1.2 μm，长柱状，不断裂。
| 生　　境 | 寄生于林下丽叩甲或绿腹丽叩甲的幼虫上。
| 引证标本 | GDGM88449，2022 年 5 月 18 日，采集于东莞市大岭山森林公园翠绿步径。
| 讨　　论 | 有毒。

假小疣盾盘菌

Scutellinia pseudovitreola W. Y. Zhuang & Zhu L. Yang

| 形态特征 | 子囊盘直径5~10 mm，圆盘状。子实层向上，表面橘黄色至橘红色。背面囊盘被淡橘红色，具淡褐色至暗褐色硬毛。毛长100~1300 μm，具分隔。子囊180~240 μm × 11~15 μm，有囊盖，具8个子囊孢子。子囊孢子15~20 μm × 9~13 μm，宽椭圆形，表面具细疣状纹。
| 生　　境 | 夏秋季生于枫香果实上或地上。
| 引证标本 | GDGM88422，2022年5月18日，采集于东莞市大岭山森林公园翠绿步径。
| 讨　　论 | 食毒不明。

窄孢胶陀盘菌

Trichaleurina tenuispora M. Carbone, et al.

| 形态特征 | 子囊盘散生，直径2~6 cm，高1~4 cm，倒锥状或陀螺状至盘状，内部胶质，被密生烟黑色绒毛。子实层体朝上，下陷成盘状，淡黄色至淡灰黄色，胶质，边缘多毛。子囊420~500 μm × 15~17 μm，圆柱形，具8个子囊孢子。子囊孢子27~38 μm × 11~14 μm，椭圆形至近梭圆形，透明至淡褐色，有2~4油滴。

| 生　　境 | 散生至群生于林中腐木上。

| 引证标本 | GDGM87851，2022年2月26日，采集于东莞市大岭山森林公园林科园入口对面。

| 讨　　论 | 食毒不明。

子囊菌

古巴炭角菌

Xylaria cubensis (Mont.) Fr.

| **形态特征** | 子座高2~6 cm，直径0.5~1.5 cm，近棒形、圆柱形、椭圆形或扁柱形，顶端圆钝，暗褐色或黑褐色至黑色，无不育顶部。不育菌柄极短或阙如。子囊壳直径500~800 μm，近球形至卵圆形，埋生，孔口疣状，外露。子囊150~200 μm × 8~10 μm，圆筒状，有长柄。子囊孢子9~11 μm × 4~5.5 μm，椭圆形，常不等边，偶有缝裂，单行排列，褐色至黑褐色。
| **生　　境** | 单生至群生于林间倒腐木上。
| **引证标本** | GDGM87875，2022年2月26日，采集于东莞市大岭山森林公园。
| **讨　　论** | 药用。

子囊菌

黑柄炭角菌

Xylaria nigripes (Klotzsch) Cooke.

| 形态特征 | 子座地上高6~12 cm，直径4~8 mm，通常不分枝，有时具少数分枝，棍棒形，顶部圆钝，乌黑色至黑色，新鲜时革质，干后硬木栓质至木质。可育部分表面粗糙。不育菌柄约占地上部分长度的1/5，近光滑至稍有裂纹。地下部分常假根状，长至10 cm，直径至4 mm，弯曲，硬木质。子囊孢子4~5 μm × 2~3 μm，近椭圆形至近球形，黑色，厚壁，非淀粉质，不嗜蓝。
| 生　　境 | 长于林间地上，基部常假根状，从地下腐木上长出，或与白蚁巢相连，有时地下可形成梨形菌核。
| 引证标本 | GDGM88321，2022年5月16日，采集于东莞市大岭山森林公园环湖绿道东段。
| 讨　　论 | 药用，利便，补肾，增强免疫力等。

胶 质 菌

毛木耳

Auricularia cornea Ehrenb.

| 形态特征 | 子实体一年生，直径至 15 cm，厚 0.5~1.5 mm，新鲜时耳状或贝壳形，较厚。不育面朝上，肉褐色、红褐色至黑褐色，被明显绒毛，侧背面或中部常收缩成短柄状，与基质相连。菌肉胶质，有弹性，质地稍硬，干后收缩，变硬，角质，浸水后可恢复成新鲜时的形态及质地。子实层面朝下，平滑，中部凹陷，边缘常内卷，肉褐色、近红褐色、深褐色至黑色。担孢子 11.5~13.8 μm × 4.8~6 μm，腊肠形，常略弯，无色，薄壁，平滑。

| 生　　境 | 夏秋季通常群生，有时单生在多种阔叶树倒木和腐木上。

| 引证标本 | GDGM91240，2023 年 4 月 27 日，采集于东莞市大岭山森林公园。

| 讨　　论 | 食用、药用，栽培。在我国该种曾经长期被错认为是热带的多毛木耳 *Auricularia polytricha*。

胶质菌

中国胶角耳

Calocera sinensis McNabb

| 形态特征 | 子实体高5~15 mm，直径0.5~2 mm，淡黄色、橙黄色，偶淡黄褐色，干后红褐色、浅褐色或深褐色，硬胶质，棒状，偶分叉，顶端钝或尖，横切面有3个环带。子实层周生。菌丝具横隔，壁薄，光滑或粗糙，具锁状联合。担子25~52 μm × 3.5~5 μm，圆柱状至棒状，基部具锁状联合。担孢子10~13.5 μm × 4.5~5.5 μm，弯圆柱状，薄壁，具小尖，有一横隔，隔薄壁，无色。

| 生　　境 | 群生于阔叶树或针叶树朽木上。

| 引证标本 | GDGM87892，2022年2月26日，采集于东莞市大岭山森林公园林科园入口对面。

| 讨　　论 | 食毒不明。

桂花耳

Dacryopinax spathularia (Schwein.) G.W. Martin

| 形态特征 | 子实体高0.8~2.5 cm，柄下部直径0.4~0.6 cm，具细绒毛，橙红色至橙黄色。基部栗褐色至黑褐色，延伸入腐木裂缝中。担子双分叉，2孢。担孢子8~15.3 μm × 3.5~5.2 μm，椭圆形至肾形，无色，光滑，初期无横隔，后期形成1~2横隔。

| 生　　境 | 春至晚秋群生或丛生于杉木等针叶树倒腐木或木桩上。

| 引证标本 | GDGM91224，2023年4月27日，采集于东莞市大岭山森林公园。

| 讨　　论 | 食用。

胶质菌

银耳

***Tremella fuciformis* Berk.**

| 形态特征 | 子实体直径4~7 cm，瓣状，常多片瓣状物长在一起，白色，透明至半透明，干时带黄色，遇湿能恢复原状，黏滑，胶质，由薄而卷曲的瓣片组成。担子8~11 μm × 5~7 μm，卵形，具2~4个斜隔膜，无色，小梗长2~5 μm，生于顶部，常弯曲，无色。担孢子5.4~5.6 μm，近球形，球形，光滑，无色。菌丝直径约3.5 μm，无色，有锁状联合。
| 生　　境 | 群生于阔叶树的腐木上。
| 引证标本 | GDGM94374，2024年5月9日，采集于东莞市大岭山森林公园山猪坑。
| 讨　　论 | 著名食用菌和药用菌，可人工栽培。

橙黄银耳

***Tremella mesenterica* Retz**

| **形态特征** | 子实体直径 4~10 cm，高 3~6 cm，由许多弯曲的裂瓣组成，新鲜时黄色至橘黄色，干后暗黄色，内部微白，基部较窄，胶质。菌肉厚，有弹性，胶质。担子纵裂 4 瓣，卵圆形。担孢子 7.6~14.5 μm × 6~10.2 μm，球形至宽椭圆形，光滑。

| **生　　境** | 单生或群生于腐木上。
| **引证标本** | GDGM94409，2024 年 5 月 10 日，采集于东莞市大岭山森林公园山猪坑。
| **讨　　论** | 食用。

珊瑚菌

脆珊瑚菌

Clavaria fragilis Holmsk

形态特征	子实体高2~6 cm，直径2~4 mm，细长圆柱形或长梭形，顶端稍细、变尖或圆钝，直立，不分枝，白色至乳白色，老后略带黄色或黄白色，且往往先从尖端开始变浅黄色至灰色，脆，初期内实，后期中空。柄不明显，基部稍带灰色。担孢子4.4~5.0 μm × 2.3~2.8 μm，长椭圆形或苹果种子形，光滑，无色。
生　　境	夏秋季丛生于林中地上。
引证标本	GDGM94426，2024年5月11日，采集于东莞市大岭山森林公园大板水库。
讨　　论	食毒不明。

珊瑚菌

栗柄锁瑚菌（参照种）

Clavulina cf. *castaneipes* (G. F. Atk.) Corner

| 形态特征 | 子实体高3 cm，珊瑚状，多分枝，菌柄淡灰肉色到褐色，基部有白色菌丝体。分枝两侧压扁，米色、灰白色至淡灰肉色，顶端稍尖到钝，顶尖常变干且褐色。菌肉近白色，质地稍硬。担孢子7~8 μm × 6.8~7.5 μm，近球形，表面光滑。
| 生 境 | 夏秋季生于林中地上。
| 引证标本 | GDGM88448，2022年5月18日，采集于东莞市大岭山森林公园翠绿步径。
| 讨 论 | 食毒不明。

中华丽柱衣

Sulzbacheromyces sinensis (R. H. Petersen & M. Zang) D. Liu & Li S. Wang

| 形态特征 | 子实体高2~35 mm，直径1~2.5 mm，棒状，可育部分较宽，橘红色至橘红黄色，顶部圆钝。基部与藻类相连。担孢子6.5~8 μm × 3~4 μm，椭圆形，光滑。髓部菌丝直径3~8 μm。
| 生　　境 | 夏秋季生于热带至南亚热带路边土坡上，与藻类共生。
| 引证标本 | GDGM88331，2022年5月16日，采集于东莞市大岭山森林公园环湖绿道东段。GDGM89822，2022年6月24日，采集于东莞市大岭山森林公园林科园大板绿道。
| 讨　　论 | 食毒不明。

多孔菌、齿菌和革菌

白栓菌

Antrodia albida (Fr.) Donk

| **形态特征** | 子实体硬革质。菌盖宽至8 cm，半圆形，中部厚至1.5 cm，表面白色至浅灰白色，近边缘黄色，边缘锐，全缘。孔口每毫米2~3个，表面奶油色至浅黄色，多角形至迷宫形，放射排列，边缘薄或厚，全缘，不育边缘厚至2 mm，奶油色。菌肉厚至9 mm，乳白色。菌管长至6 mm，奶油色。担孢子5~6.2 μm × 2~3 μm，长椭圆形，无色，薄壁，光滑，非淀粉质，不嗜蓝。

| **生　　境** | 春季至秋季单生于阔叶树的倒木和腐木上。
| **引证标本** | GDGM87317，2021年11月4日，采集于东莞市大岭山森林公园。
| **讨　　论** | 药用。造成木材白色腐朽。

潮润布氏多孔菌

Bresadolia uda (Jungh.) Audet

| 形态特征 | 子实体一年生，贝壳状或扇形，宽至8 cm，外伸至5 cm，菌盖灰白色，被有似同心圆排列的灰褐色块状鳞片，边缘薄，全缘。菌孔白色，多角形。菌肉白色，厚3~5 mm。菌柄短，与菌盖同色，长1.2~1.5 cm。担孢子9~14.5 μm × 3.5~5 μm，长椭圆形至棍棒形，光滑。
| 生　　境 | 夏季生于林中枯木上。
| 引证标本 | GDGM91233，2023年4月27日，采集于东莞市大岭山森林公园。
| 讨　　论 | 造成木材腐朽。

魏氏集毛孔菌

Coltricia weii Y. C. Dai

形态特征	子实体一年生，具中生柄，新鲜时革质，干后木栓质。菌盖圆形至漏斗形，直径至3 cm，中部厚至1.5 mm，表面锈褐色至暗褐色，具明显的同心环区，边缘薄，锐，撕裂状，干后内卷。孔口表面肉桂黄色至暗褐色，圆形至多角形，每毫米3~4个，边缘薄，全缘至略呈撕裂状。菌肉暗褐色，革质，厚至0.5 mm。菌管土棕黄色，长至1 mm。菌柄暗褐色至黑褐色，长至1.5 cm，直径至2 mm。担孢子5.6~7.2 μm × 4.3~5.5 μm，宽椭圆形，浅黄色，厚壁，光滑，非淀粉质，弱嗜蓝。
生 境	春夏季生于阔叶林中地上。
引证标本	GDGM94417，2024年5月10日，采集于东莞市大岭山森林公园山猪坑。
讨 论	造成木材白色腐朽。

红贝俄氏孔菌

Earliella scabrosa (Pers.) Gilb. & Ryvarden

| 形态特征 | 子实体一年生，平伏反卷至盖形，覆瓦状叠生，木栓质。菌盖半圆形，外伸至2 cm，宽6~8.5 cm，中部厚至6 mm，表面棕褐色至漆红色，光滑，具同心环纹，边缘锐，奶油色。孔口表面白色至褐黄色，多角形至不规则形，每毫米2~3个，边缘全缘或略呈撕裂状，不育边缘奶油色至浅黄色，厚至2 mm。菌肉奶油色，厚至4 mm。菌管浅黄色，长至2 mm。担孢子7~9.5 μm × 3.5~4 μm，圆柱形或长椭圆形，靠近孢子梗逐渐变细，无色，薄壁，光滑，非淀粉质，不嗜蓝。
| 生　　境 | 春至秋季生于阔叶树的活树、死树、倒木或腐木上。
| 引证标本 | GDGM87282，2021年11月3日，采集于东莞市大岭山森林公园。
| 讨　　论 | 药用，促进血液循环，止痒。造成木材白色腐朽。

血红密孔菌

Fabisporus sanguineus (L.) Zmitr.

| 形态特征 | 子实体一年生，革质。菌盖扇形、半圆形或肾形，外伸至 3 cm，宽至 5 cm，基部厚至 1.5 cm，表面新鲜时浅红褐色、锈褐色至黄褐色，后期褪色，干后颜色几乎不变，边缘锐，颜色较浅，有时波状。孔口表面新鲜时砖红色，干后颜色几乎不变，近圆形，每毫米 5~6 个，边缘薄，全缘，不育边缘明显，杏黄色，厚至 1 mm。菌肉浅红褐色，厚至 13 mm。菌管红褐色，长至 2 mm。担孢子 3.6~4.4 μm × 1.7~2 μm，长椭圆形至圆柱形，无色，薄壁，光滑，非淀粉质，不嗜蓝。

| 生　　境 | 夏秋季单生或簇生于多种阔叶树倒木、树桩或腐木上。
| 引证标本 | GDGM87871，2022 年 2 月 25 日，采集于东莞市大岭山森林公园林科园入口对面。
| 讨　　论 | 药用菌。造成木材白色腐朽。

分隔棱孔菌

Favolus septatus J. L. Zhou & B. K. Cui

| **形态特征** | 子实体一年生，单生，干后易碎。菌盖扇形至半圆形，靠近菌柄处略凹陷，基部至边缘外伸至1.5 cm，宽至2.5 cm，厚至3 mm，表面干后浅黄褐色，光滑，无环纹，无放射状条纹，边缘锐，干后直生。菌孔表面干后黄褐色至杏黄色，角状，管壁薄，边缘整齐至撕裂。菌肉薄，干后米黄色。菌管颜色较菌孔表面浅，沿菌柄一侧延生，长至3 mm。菌柄侧生。担孢子7.5~10 μm × 3~4 μm，圆柱形，少有长椭圆形，无色，薄壁，光滑，常含有1~3个油滴，非淀粉质，无或有较弱的嗜蓝反应。
| **生　　境** | 生于阔叶树腐木上。
| **引证标本** | GDGM89791，2022年6月22日，采集于东莞市大岭山森林公园珍稀植物园。
| **讨　　论** | 食毒不明。造成木材白色腐朽。

多孔菌、齿菌和革菌

南方灵芝

Ganoderma australe (Fr.) Pat.

| **形态特征** | 子实体多年生，无柄，木栓质。菌盖半圆形，外伸至35 cm，宽至55 cm，基部厚至7 cm，表面锈褐色至黑褐色，具明显的环沟和环带，边缘圆钝，浅灰褐色。孔口表面灰白色至淡褐色，圆形，每毫米4~5个，边缘较厚，全缘。菌肉新鲜时浅褐色，干后锈褐色，厚至3 cm。菌管暗褐色，长至4 cm。担孢子10.4~12.3 μm × 4.5~5.4 μm，宽卵圆形，顶端平截，淡褐色至褐色，双层壁，外壁无色、光滑，内壁具小刺，非淀粉质，嗜蓝。

| **生　　境** | 春至秋季生于多种阔叶树的活树、倒木、树桩或腐木上。
| **引证标本** | GDGM97333，2022年6月22日，采集于东莞市大岭山森林公园珍稀植物园。
| **讨　　论** | 药用。造成木材白色腐朽。

33

多孔菌、齿菌和革菌

灵芝

Ganoderma lingzhi Sheng H. Wu, et al.

| 形态特征 | 菌盖直径8~16 cm，平展，幼时浅黄色、浅黄褐色至黄褐色，成熟时变为黄褐色至红褐色。孔口表面幼时为白色，成熟时变为硫黄色，触摸后变为褐色或深褐色，干燥时为淡黄色，近圆形或多角形，每毫米5~6个。菌肉浅褐色，双层，上层菌肉颜色浅，下层菌肉颜色深，木栓质。菌管褐色，木栓质，颜色明显比菌肉深。菌柄扁平状或近圆柱形，红褐色至紫黑色，长至22 cm，直径至3.5 cm。担孢子9~11 μm × 6~7 μm，椭圆形，顶端平截，双层壁，内壁具小刺，嗜蓝。

| 生　　境 | 夏秋季生长于阔叶树的死木、倒木和腐木上。

| 引证标本 | GDGM88340，2022年5月16日，采集于东莞市大岭山森林公园环湖绿道东段。

| 讨　　论 | 食药兼用，在我国已广泛栽培。

热带灵芝

Ganoderma tropicum (Jungh.) Bres.

形态特征	子实体一年生，无柄或具侧生短柄，干后木栓质。菌盖半圆形，外伸至12 cm，宽至16 cm，基部厚至2.5 cm，黄褐色至紫褐色，被一厚皮壳，具漆样光泽，边缘薄、钝、颜色变浅。孔口表面污白色至灰褐色，无折光反应，近圆形，每毫米3~4个，边缘厚，全缘，奶油色，厚至4 mm。菌肉黄褐色，厚至1 cm。菌管浅褐色，多层，分层不明显，长至1.5 mm。菌柄与菌盖同色，圆柱形，长至3 cm，直径至1.5 cm，或无柄。担孢子8.8~10.5 μm × 6~7.8 μm，椭圆形，顶端稍平截，褐色，双层壁，外壁无色、光滑，内壁具小刺，非淀粉质，嗜蓝。
生　　境	春夏季单生或数个叠生于多种阔叶树，尤其是相思树 *Acacia* spp. 的树桩、倒木或腐木上。
引证标本	GDGM87315，2021年11月4日，采集于东莞市大岭山森林公园。
讨　　论	药用菌，治疗冠心病。造成木材白色腐朽。

多孔菌、齿菌和革菌

糖圆齿菌

***Gyrodontium sacchari* (Spreng.) Hjortstam**

| 形态特征 | 子实体一年生，易与基物剥离，覆瓦状叠生，新鲜时软，肉质，干后皱缩变脆。菌盖圆形，外伸至 8 cm，宽至 10 cm，基部厚至 1 cm。表面新鲜时奶油色至浅黄褐色，光滑或粗糙，干后表面覆盖棕褐色粉末层。边缘锐或钝，乳白色，干后内卷。子实层体新鲜时黄色至黄绿色或浅棕黄色，干后深棕褐色，齿状，菌齿扁平至锥形，单生或侧向联合生长，齿长至 8 mm，每毫米 1~2 个。不育边缘明显，乳白色至橘黄色，厚至 4 mm。菌肉层淡黄色，厚至 2 mm。担孢子 3.8~4.2 μm × 2.5~2.8 μm，椭圆形，淡黄色，厚壁，光滑，非淀粉质，嗜蓝。

| 生　　境 | 夏季生于阔叶树活立木基部。

| 引证标本 | GDGM89762，2022年6月22日，采集于东莞市大岭山森林公园珍稀植物园。

| 讨　　论 | 造成木材白色腐朽。

光盖蜂窝孔菌

Hexagonia glabra (P. Beauv.) Ryvarden

形态特征 子实体一年生，无柄，新鲜时革质，无臭无味，干后木栓质。菌盖半圆形，外伸至 4 cm，宽至 8 cm，基部厚度至 2 mm，表面干后浅褐色至黄褐色，具明显的同心环纹和环沟，边缘锐，黄褐色。孔口表面黄褐色，无折光反应，六角形，每毫米约 1 个，边缘薄，全缘。菌肉异质，上层浅黄褐色，木栓质，厚至 0.7 mm，下层白色，木栓质，厚至 0.3 mm。菌管干后浅黄褐色，长至 1 mm。担孢子 13~15.3 μm × 4.2~5.6 μm，圆柱形，无色，薄壁，光滑，非淀粉质，不嗜蓝。

生　　境 夏秋季单生于阔叶树上。

引证标本 GDGM87846，2022 年 2 月 25 日，采集于东莞市大岭山森林公园林科园入口对面。

讨　　论 药用。造成木材白色腐朽。

薄蜂窝孔菌

Hexagonia tenuis (Hook) Fr.

| 形态特征 | 子实体一年生，无柄，覆瓦状叠生，干后硬革质。菌盖半圆形、圆形或贝壳形，外伸至5 cm，宽至8 cm，中部厚至2 mm，表面新鲜时灰褐色，干后赭色至褐色，光滑，具明显的褐色同心环纹。孔口表面初期浅灰色，后期烟灰色至灰褐色，蜂窝状，每毫米2~3个，边缘薄，全缘。菌肉黄褐色，厚至2 mm。菌管烟灰色至灰褐色，韧革质，长至0.5 mm。担孢子11~13.5 μm × 4~4.5 μm，圆柱形，无色，薄壁，光滑，非淀粉质，不嗜蓝。
| 生　　境 | 夏秋季生于阔叶树的倒木、落枝或腐木上。
| 引证标本 | GDGM87312，2021年11月4日，采集于东莞市大岭山森林公园。
| 讨　　论 | 药用。造成木材白色腐朽。

大白齿菌

Hydnum albomagnum Banker

| 形态特征 | 子实体一年生，具中生菌柄，新鲜时革质至软木栓质，无臭无味，干后木栓质至木质。菌盖初期凸镜形，后期逐渐平展中部凹陷，近圆形，初期白色纤维状，后期颜色渐变为暗紫灰色，棕色至红色，直径至10 cm。菌肉白色至淡紫色，伤不变色。子实层体齿状，初期白色，后呈灰色。菌齿长至6 mm。菌柄棒状，同菌盖色，长至10 cm，直径至3 cm。担孢子4.5~5.5 μm × 4~4.5 μm，近球形，无色，壁稍厚，表面具刺。

| 生　　境 | 秋季单生或数个聚生于针叶林中地上。

| 引证标本 | GDGM87868，2022年2月25日，采集于东莞市大岭山森林公园林科园入口对面。

| 讨　　论 | 食用。

白囊耙齿菌

Irpex lacteus (Fr.) Fr.

| 形态特征 | 子实体一年生，形态多变，平伏至反卷，覆瓦状叠生，革质。平伏时长至10 cm，宽至5 cm，厚至4 mm，表面乳白色至浅黄色，被细密绒毛。子实层体奶油色至淡黄色。孔口多角形，每毫米2~3个，边缘薄，撕裂状。菌肉白色至奶油色，厚至1 mm。菌齿或菌管与子实层体同色，长至3 mm。担孢子4~5.5 μm × 2~2.8 μm，圆柱形，稍弯曲，无色，薄壁，光滑，非淀粉质，不嗜蓝。
| 生 境 | 夏秋季生于多种阔叶树的倒木和落枝上。
| 引证标本 | GDGM87850，2022年2月25日，采集于东莞市大岭山森林公园林科园入口对面。
| 讨 论 | 药用菌，治疗尿少、浮肿、腰痛、血压升高等症，具抗炎活性。造成木材白色腐朽。

多孔菌、齿菌和革菌

漏斗香菇

Lentinus arcularius **(Batsch) Zmitr.**

| 形态特征 | 菌盖直径1.5~3 cm，圆形至漏斗形，灰褐色，被暗色刺毛，有时有不明显的同心环纹。菌管表面黄色或白色。菌孔角形，每毫米1~3个。菌柄中生，长7~20 mm，直径1.5~2.5 mm，灰褐色，被绒毛。菌肉白色，薄。担子20~23 μm × 4~5 μm，2~4孢，棒形，小梗直立，长约2 μm。担孢子7~8 μm × 3~3.5 μm，椭圆形，光滑，无色，非淀粉质，含1~2个油滴。

| 生　　境 | 单生至群生于阔叶树的腐木上。

| 引证标本 | GDGM89664，2022年7月21日，采集于东莞市大岭山森林公园茶山顶。

| 讨　　论 | 食用、药用，但纤维很多。全国各地均有分布，十分常见的种类，其细长的菌柄在多孔菌中较有特色，容易辨认。

多孔菌、齿菌和革菌

翘鳞香菇

***Lentinus squarrosulus* Mont.**

| **形态特征** | 菌盖直径4~13 cm，薄且柔韧，凸镜形、中凹至深漏斗状，灰白色、淡黄色或微褐色，表面干燥，被同心环状排列的上翘至平伏的灰色至褐色丛毛状小鳞片，后期鳞片脱落，边缘初内卷，薄，后浅裂或撕裂状。菌肉厚，革质，白色。菌褶延生，分叉，有时近柄处稍交织，白色至淡黄色，密，薄。菌柄长1~3.5 cm，直径0.4~1 cm，圆柱形，近中生至偏生或近侧生，向下变细，实心，与菌盖同色，基部稍暗，被丛毛状小鳞片。担孢子5.5~8 μm × 1.7~2.5 μm，长椭圆形至近长方形，光滑，无色，非淀粉质。

| **生　　境** | 群生、丛生或近叠生于混交林或阔叶林中腐木上。

| **引证标本** | GDGM89778，2022年6月22日，采集于东莞市大岭山森林公园樱园。

| **讨　　论** | 食用。

蜂窝新棱孔菌（参照种）

Neofavolus cf. *alveolaris* (DC.) Sotome & T. Hatt.

| 形态特征 | 子实体一年生，无柄或具侧生短柄，数个聚生，革质。菌盖半圆形，外伸至3 cm，宽至5 cm，基部厚至1.5 mm，表面新鲜时奶油色，略有射状条纹，干后浅黄褐色，光滑，边缘锐，波状，干后内卷。孔口表面新鲜时奶油色，干后淡黄褐色，六角形，长1~3 mm，宽0.5~1 mm，边缘薄，全缘或略呈撕裂状。菌肉干后浅黄褐色，厚至0.5 mm。菌管与孔口表面同色，长至1 mm。菌柄与菌盖表面同色，光滑，长至0.5 cm。担孢子8~10 μm × 2.5~4.5 μm，圆柱形，无色，薄壁，光滑，非淀粉质，不嗜蓝。

| 生　　境 | 夏秋季生于阔叶树死树上。

| 引证标本 | GDGM91225，2023年4月27日，采集于东莞市大岭山森林公园。

| 讨　　论 | 造成木材白色腐朽。该种广泛分布于温带，所以华南地区采集的标本暂定为参照种。

多孔菌、齿菌和革菌

黄褐小孔菌

Microporus xanthopus (Fr.) Kuntze

形态特征 | 子实体一年生，具中生柄，韧革质。菌盖圆形至漏斗形，直径至 8 cm，中部厚至 5 mm，表面浅黄褐色至黄褐色，具同心环纹。边缘锐，浅棕黄色，波状，有时撕裂。孔口表面白色至奶油色，干后淡赭石色，多角形，每毫米8~10个，边缘薄，全缘，不育边缘明显，厚至 1 mm。菌管与孔口表面同色，长至 2 mm。菌肉干后淡棕黄色，厚至 3 mm。菌柄具浅黄褐色表皮，光滑，长至 2 cm，直径至 2.5 mm。担孢子6~7.5 μm × 2~2.5 μm，短圆柱形，略弯曲，无色，薄壁，光滑，非淀粉质，不嗜蓝。

生　　境 | 春至秋季单生或群生于阔叶树倒木上。

引证标本 | GDGM87891，2022年2月25日，采集于东莞市大岭山森林公园林科园入口对面。

讨　　论 | 食毒不明。造成木材白色腐朽。

多孔菌、齿菌和革菌

纤毛革耳

Panus ciliatus (Lév.) T.W. May & A. E. Wood

| 形态特征 | 菌盖直径2~6 cm，中凹至深漏斗形，革质，不黏，肉桂褐色至土红褐色，干时栗褐色，有时具淡紫色，被粗绒毛，边缘有刺毛，具同心环纹。菌肉厚常不足1 mm，白色或浅褐色。菌褶延生，甚密，苍白色、米黄色、淡黄色至木材褐色，有时带淡紫色。菌柄长2.2~4 cm，直径2.5~8 mm，常偏生，圆柱形，与菌盖同色，被粗厚绒毛，近菌褶基部有刺毛，纤维质，实心，常有假菌核。担孢子5~6.5 μm × 2.8~3.4 μm，椭圆形，光滑，无色。
| 生　　境 | 生于腐木中的假菌核上。
| 引证标本 | GDGM88357，2022年5月17日，采集于东莞市大岭山森林公园白石山景区。
| 讨　　论 | 食用。

多孔菌、齿菌和革菌

短小多孔菌

Picipes pumilus (Y. C. Dai & Niemelä) J. L. Zhou & B. K. Cui

| 形态特征 | 子实体一年生，非常小，长至 5 mm，革质，干后变硬。基部收缩，下垂，连接处长至 3 mm，宽至 5 mm，基部厚至 1.5 mm。菌盖边缘波状锐尖，上表面光滑，奶油色至浅稻草色，毛孔表面新鲜时白色，后变成浅稻草色。孔口圆形。菌肉硬木栓状，奶油色，厚 0.5 mm。菌管与多孔表面同色，硬，长至 1 mm。担孢子 6~9 μm × 2.5~3.5 μm，柱状，透明，薄壁，光滑。

| 生　　境 | 夏秋季生于阔叶林死树或腐木上。

| 引证标本 | GDGM87341，2021年11月5日，采集于东莞市大岭山森林公园林科园。

| 讨　　论 | 食毒不明。

柄杯菌属种类

Podoscypha sp.

| 形态特征 | 子实体一年生，高4 cm，宽5 cm，覆瓦状，扇形，无柄或短柄，革质。子实层具横向条纹，形成环带。内子实层黄色至橘色。外子实层无毛到丝绒，浅黄色，顶部边缘奶油色。菌肉薄。担孢子3~5 μm × 3~4.5 μm，宽椭圆形，透明，薄壁，光滑。
| 生　　境 | 夏秋季生于阔叶林的地上。
| 引证标本 | GDGM89817，2022年6月24日，采集于东莞市大岭山森林公园。
| 讨　　论 | 食毒不明。

多孔菌、齿菌和革菌

三河多孔菌

Polyporus mikawae Lloyd

| 形态特征 | 子实体一年生，具柄或似有柄，单生或聚生，木栓质。菌盖扇形或近圆形，中部下凹或呈漏斗形，宽至 8 cm，中部厚至 0.3 cm，表面淡黄色至土黄色，光滑，具不明显的辐射状条纹，边缘锐，波浪状并撕裂，黄褐色，稍内卷。孔口表面淡黄色至黄褐色，圆形至椭圆形，每毫米 3~4 个，边缘薄，全缘至撕裂状，不育边缘几乎无。菌肉白色，厚至 2 mm。菌管淡黄色，长至 1 mm。菌柄黄色，长至 3 cm，直径至 8 mm。担孢子 9.2~10.2 μm × 3.2~4 μm，圆柱形，薄壁，光滑，非淀粉质，不嗜蓝。

| 生　　境 | 夏秋季生于阔叶树落枝上。

| 引证标本 | GDGM87111，2022 年 8 月 15 日，采集于东莞市大岭山森林公园马山片区。

| 讨　　论 | 食毒不明。造成木材白色腐朽。分布于华中和华南地区。

菌核多孔菌

Polyporus tuberaster (Jacq.) Fr.

形态特征	子实体一年生，具侧生柄，肉质至革质。菌盖圆形、半圆形或扇形，中部凹陷，宽至15 cm，厚至1.5 cm，从基部向边缘渐薄，表面黄褐色至赭色，被茶褐色或深褐色斑块，边缘锐，被纤毛或略呈撕裂状，干后略内卷。孔口表面淡黄褐色至茶褐色，多角形，长至3 mm，宽至1.5 mm，边缘薄或厚，全缘或略呈撕裂状。菌肉白色至奶油色，厚至1.2 cm。菌管与孔口表面同色，长至3 mm，延生至菌柄上部。菌柄基部黑色，被绒毛，长至6 cm，直径至1 cm。担孢子12~14 μm × 5~6 μm，圆柱形，无色，薄壁，光滑，非淀粉质，不嗜蓝。
生　　境	夏季单生或群生于阔叶树倒木或埋木上。
引证标本	GDGM87895，2022年2月28日，采集于东莞市大岭山森林公园林科园入口对面。
讨　　论	食毒不明。造成木材白色腐朽。

谦逊兰氏迷孔菌

Ranadivia modesta (Kunze ex Fr.) Zmitr

| 形态特征 | 子实体一年生，无柄，覆瓦状叠生，韧革质。菌盖半圆形至贝壳形，外伸至 3 cm，宽至 5 cm，厚至 3 mm，表面棕黄色至粉黄色，光滑，基部具明显奶油色增生物，具明显的同心环带，边缘锐，奶油色，波纹状。孔口表面乳白色至土黄色，近圆形，每毫米 5~6 个，全缘，边缘厚，不育边缘明显，奶油色，厚至 1.5 mm。菌肉浅木材色，厚至 2.5 mm。菌管与孔口表面同色，长至 0.5 mm。担孢子 3~4 μm × 2~2.2 μm，椭圆形，无色，薄壁，光滑，非淀粉质，不嗜蓝。

| 生 境 | 春至秋季生于阔叶树倒木上。
| 引证标本 | GDGM87293，2021 年 11 月 3 日，采集于东莞市大岭山森林公园。
| 讨 论 | 药用。造成木材褐色腐朽。

假芝

Sanguinoderma rugosum **(Blume & T. Nees) Y. F. Sun, et al.**

| **形态特征** | 子实体一年生，具中生柄，干后木栓质。菌盖近圆形，外伸至7.5 cm，宽至8.5 cm，厚至1 cm，表面灰褐色至褐色，具明显的纵向褶皱和同心环纹，中心部分凹陷，无光泽，边缘深褐色，波浪状，内卷。孔口表面新鲜时灰白色，触摸后变为血红色，干后变为黑色，近圆形至多角形，每毫米6~7个，边缘厚，全缘。菌肉褐色至深褐色，厚至4 mm。菌管褐色至深褐色，长至6 mm。菌柄与菌盖同色，外被一层皮壳，圆柱形，光滑，中空，长至7.5 cm，直径至1 cm。担孢子9.5~11.5 μm × 8~9.5 μm，宽椭圆形至近球形，双层壁，外壁光滑，无色，内壁深褐色，具小刺，非淀粉质，嗜蓝。
| **生　　境** | 春至秋季单生或群生于阔叶林中地上或腐木上。
| **引证标本** | GDGM87292，2021年11月3日，采集于东莞市大岭山森林公园。
| **讨　　论** | 药用，消炎，利尿，益胃，抑肿瘤等。造成木材白色腐朽。

多孔菌、齿菌和革菌

竹生干腐菌

***Serpula dendrocalami* C. L. Zhao**

| 形态特征 | 子实体一年生，覆瓦状叠生，肉质至软木栓质。菌盖扇形至不规则圆形，外伸至3 cm，宽至5 cm，基部厚至5 mm，表面奶油色至浅黄色，粗糙。子实层黄褐色，皱孔状至网纹褶状，近中央部分绝大多数褶厚，边缘褶较小。不育边缘明显，新鲜时白色，干后浅黄色。菌肉浅奶油色，软木质至海绵质，厚至4 mm。担孢子 4.8~5.8 μm × 2.7~4.4 μm，近球形，亮黄色，厚壁，光滑，非淀粉质，嗜蓝。

| 生　　境 | 夏秋季生于竹子根部。
| 引证标本 | GDGM89677，2022年7月20日，采集于东莞市大岭山森林公园碧幽谷。
| 讨　　论 | 食毒不明。造成木材褐色腐朽。

云芝

Trametes versicolor (L.) Lloyd

| **形态特征** | 子实体一年生，覆瓦状叠生，革质。菌盖半圆形，外伸至8 cm，宽至10 cm，中部厚至0.5 cm，表面颜色变化多样，淡黄色至蓝灰色，被细密绒毛，具同心环带，边缘锐。孔口表面奶油色至烟灰色，多角形至近圆形，每毫米4~5个，边缘薄，撕裂状，不育边缘明显，厚至2 mm。菌肉乳白色，厚至2 mm。菌管烟灰色至灰褐色，长至3 mm。担孢子4.0~5.3 μm × 1.8~2.2 μm，圆柱形，无色，薄壁，光滑，非淀粉质，不嗜蓝。

生　　境｜群生或叠生于林中倒木或腐木上。

引证标本｜GDGM87873，2022年2月26日，采集于东莞市大岭山森林公园林科园入口对面。

讨　　论｜药用，辅助治疗肝病。

多孔菌、齿菌和革菌

白赭多年卧孔菌

Truncospora ochroleuca (Berk.) Pilát

| **形态特征** | 子实体多年生，无柄，覆瓦状叠生，革质至木栓质。菌盖近圆形或马蹄形，外伸至1.5 cm，宽至2 cm，厚至10 mm，表面奶油色至黄褐色，具明显的同心环带，边缘钝，颜色浅。孔口表面乳白色至土黄色，无折光反应，近圆形，每毫米5~6个，边缘厚，全缘，不育边缘较窄，厚至0.5 mm。菌肉土黄褐色，厚至4 mm。菌管与孔口表面同色，长至6 mm。担孢子9~12 μm × 5.5~8.0 μm，椭圆形，顶部平截，无色，厚壁，光滑，拟糊精质，嗜蓝。

| **生　　境** | 春至秋季生于阔叶树倒木上。
| **引证标本** | GDGM89774，2022年6月23日，采集于东莞市大岭山森林公园灯心塘保护区。
| **讨　　论** | 造成木材白色腐朽。

鸡 油 菌

鸡油菌

黄绿鸡油菌

Cantharellus luteovirens Ming Zhang, et al.

| 形态特征 | 子实体小型。菌盖2~3 cm，幼时凸，后平展或中部凹陷，表面干或水浸状，光滑，浅黄色至橘黄色，边缘卷，或上翻，不变色。菌肉黄白色，子实层下延，略疏，具分叉条纹，黄白色，薄脆。菌柄长2.5~3 cm，直径0.2~0.3 cm，中空，基部白色，上部为淡黄色。担孢子6~7 μm × 4.8~5.5 μm，宽椭圆形至近圆形。

| 生　　境 | 夏秋季生于阔叶林中地上。

| 引证标本 | GDGM94428，2024年5月11日，采集于东莞市大岭山森林公园大板水库。

| 讨　　论 | 食用。

伞 菌

伞菌

白脐凸蘑菇

Agaricus alboumbonatus R. L. Zhao & B. Cao

| **形态特征** | 菌盖直径5~9 cm，起初凸镜形，后渐平展，中央常有一不明显的脐凸，表面干燥，初期浅色，成熟后为淡黄色至黄褐色，初期色较浅，后渐变深褐色的平伏鳞片。菌褶离生，密集，起初为粉红色和粉褐色，最后变成暗褐色。菌柄长至12 cm，直径至1.8 cm，圆柱形，棒状，空心，光滑，白色，伤时变黄色至黄褐色。菌环上位，膜质，白色，上表面光滑，下表面有絮状物。担孢子5.5~6.2 μm × 3.4~4.0 μm，椭圆形至卵圆形，光滑，厚壁，褐色。

| **生 境** | 夏季生于台湾相思树与其他阔叶树混交林地上。

| **引证标本** | GDGM89748，2022年6月22日，采集于东莞市大岭山珍稀植物园环湖路南段。

| **讨 论** | 食毒不明。

黑顶蘑菇

Agaricus atrodiscus Linda J. Chen, et al.

| 形态特征 | 子实体中到大型。菌盖直径9~13 cm，近半球形至凸镜形，老后平展，表面干，上密覆灰黑色至黑褐色的细小鳞片。菌肉白色，受伤后不变色。菌褶离生，极密，初期白色，后变粉红色至粉褐色，最后变为深褐色。菌柄长至19 cm，直径1~2 cm，近圆柱形，上粗下细，中空，表面光滑，白色，受伤时轻微变黄。菌环双层，膜质，下垂，白色。担孢子4.5~6 μm × 3~3.5 μm，椭圆形，褐色，壁厚，表面光滑。|

生　　境	夏秋季群生于竹林中地上。
引证标本	GDGM87108，2022年8月15日，采集于东莞市大岭山森林公园。
讨　　论	食毒不明，慎食。模式产地为泰国。

伞菌

宾加蘑菇

Agaricus bingensis Heinem.

| **形态特征** | 菌盖直径4~6 cm，初期半球形，后凸镜形至平展，有时中央凹陷，灰白色至灰色，表面具灰褐色至棕褐色丛毛状鳞片，不易脱落，边缘内卷，带少许菌幕残余。菌肉白色，较厚。菌褶离生，密，不等长，幼时白色，成熟后灰色至灰黑色。菌柄长5~8 cm，直径0.6~1.5 cm，白色，向基部渐粗，成熟后空心。菌环上位，白色，膜质。担孢子6.0~8.0 μm × 4.0~6.5 μm，椭圆形，褐色，壁厚，表面光滑。 |

| **生　　境** | 夏季生于针阔混交林中地上。 |

| **引证标本** | GDGM87281，2021年11月3日，采集于东莞市大岭山森林公园。 |

| **讨　　论** | 食毒不明。 |

番红花蘑菇

Agaricus crocopeplus Berk. & Broome

| 形态特征 | 菌盖直径3~6 cm，初期近球形到半球形，成熟后近平展，具有橙红色长绒毛或丛毛状鳞片，边缘有菌幕残片。菌肉近柄处厚3~4 mm，白色或污白色，后呈淡褐色。菌褶离生，稍密，不等长，初期污白色至淡褐色，成熟后颜色加深呈褐色。菌柄长3~6 cm，直径5~8 mm，圆柱形，成熟后空心，覆有与菌盖同色的长绒毛。菌环上位，不典型，为外菌幕残余物，与菌盖鳞片同质。担孢子5~8 μm × 3.5~4.5 μm，椭圆形至卵圆形，光滑，灰褐色。 |

生　　境	夏秋季生于林中地上。
引证标本	GDGM87334，2021年11月4日，采集于东莞市大岭山森林公园。
讨　　论	食毒不明。

长柄蘑菇

Agaricus dolichocaulis R. L. Zhao & B. Cao

| 形态特征 | 菌盖直径6.5~12.5 cm，初直径卵圆形或半球形，后扁平，有时轻微中间下陷，表面干燥，白色至深棕色，边缘淡紫色。菌褶宽至5~6 mm，密集的，粉红色至浅紫色。菌柄长10~20.5 cm，直径1.0~2.5 cm，圆柱形和棒状，表面中空，菌环上部白色，光滑，幼时环下有鳞屑絮状，伤变呈黄色，菌环下部表面有浅棕色的薄片，菌环膜质，呈絮状，白色。杏仁气味。担孢子5.5~8 μm × 4~5.5 μm，近球形至椭圆形，光滑。

| 生　　境 | 散生于与松树林或混交林中地上。

| 引证标本 | GDGM87841，2022年2月25日，采集于东莞市大岭山森林公园林科园入口对面。

| 讨　　论 | 食毒不明。

平田头菇

Agrocybe pediades (Fr.) Fayod

| 形态特征 | 菌盖直径1~3 cm，幼时半球形，后扁平状具突起，表面淡茶色至浅黄色，光滑，湿时黏，边缘幼时内卷，后平展。菌肉白色至浅黄色，较薄，伤不变色。菌褶弯生，初期奶油色，成熟后变褐色至锈棕色，较密，不等长。菌柄长2~7 cm，直径1~2 mm，近圆柱形，中生，与菌盖同色，表面具小纤维，初期实心，后变空心。菌环纤丝状，易消失。担孢子11~14 μm× 7~8 μm，椭圆形，光滑，深褐色。

- **生　　境** | 散生或群生于草地上。
- **引证标本** | GDGM87346，2021年11月5日，采集于东莞市大岭山森林公园林科园。
- **讨　　论** | 食用，但易与某些有毒的蘑菇混淆。

伞菌

田头菇

Agrocybe praecox (Pers.) Fayod

| **形态特征** | 菌盖直径2~8 cm，初期圆锥形，后期扁半球形至扁平状具突起，后渐伸展，有时稍突起，表面水浸状，湿时呈赭色至淡黄褐色、淡褐灰色，边缘幼时内卷，后渐平展，有时呈白色，湿时黏，光滑，或具皱纹或龟裂，幼时常有菌幕残片。菌肉白色至淡黄色，较薄，具面粉气味。菌褶直生至近弯生较密，不等长，初浅褐色后深褐色，具同色或颜色较浅的细小齿状边缘。菌柄长3~10.5 cm，直径0.3~1.2 cm，白色、浅黄褐色或淡褐色，基部稍膨大并且具白色菌索。菌环上位，白色，膜质，易脱落。担孢子8~13 μm × 6.5~8 μm，卵圆形至椭圆形，具明显芽孔，光滑，蜜黄色。

生　　境　春季散生或群生于稀疏的林中地上、田野或路边草地上。
引证标本　GDGM88423，2022年5月18日，采集于东莞市大岭山森林公园白石山景区。
讨　　论　食用。

草鸡枞鹅膏

***Amanita caojizong* Zhu L. Yang, et al.**

| 形态特征 | 菌盖直径4~10 cm，幼时半球形，后渐扁平、近平展，灰白色至灰褐色，中部色深，光滑，似有隐生纤毛或花纹，稍黏，有时附有菌幕碎片，边缘平滑无条棱，常附有白色絮状菌环残留物。菌肉白色，伤不变色，中部稍厚。菌褶离生，白色，密，不等长。菌柄长5~10 cm，直径0.5~2 cm，白色，常有纤毛状鳞片或白色絮状物，基部膨大后向下稍延伸成假根状，实心。菌环上位，白色，膜质。菌托苞状或袋状，白色。担孢子5.8~8.5 μm × 4.5~6.5 μm，宽椭圆形，淀粉质，无色。
| 生　　境 | 夏秋季生于针叶林或阔叶林中地上。
| 引证标本 | GDGM91218、GDGM91220，2023年4月26日，采集于东莞大岭山森林公园。
| 讨　　论 | 食用，但外形与剧毒的假褐云斑鹅膏*A. pseudoporphyria*极为相似，须谨慎采食。

伞菌

致命鹅膏

Amanita exitialis Zhu L. Yang & T. H. Li

- **形态特征** | 菌盖直径4~8 cm，初近半球形，后凸镜形到近平展形，白色，中央有时米色，边缘平滑。菌柄长9 cm，直径0.5~1.5 cm，白色。菌柄基部膨大，近球形，直径1~3 cm。菌托浅杯状。菌环顶生至近顶生，膜质，白色。各部位遇5% KOH变为黄色。担子具2个小梗。担孢子9.5~12 μm × 9~11.5 μm，球形至近球形，光滑，无色，淀粉质。
- **生　　境** | 春季及初夏生于黧蒴栲 *Castanopsis fissa* (Champ. ex Benth.) Rehd. et Wils. 林中地上。
- **引证标本** | GDGM87840，2022年2月25日，采集于东莞市大岭山森林公园林科园入口对面。
- **讨　　论** | 剧毒，该种是华南地区导致误食中毒死亡人数最多的毒菌。主要识别特征是菌体全白色，在广东基本上都是与黧蒴栲共生，担子具2个小梗，在广东省发生的季节一般是1~4月，往往比其他鹅膏菌要早。

小托柄鹅膏

Amanita farinosa Schwein.

| **形态特征** | 子实体中到大型。菌盖直径9~13 cm，近半球形至凸镜形，老后平展，表面干，上密覆灰黑色至黑褐色的细小鳞片。菌肉白色，受伤后不变色。菌褶离生，极密，初期白色，后变粉红色至粉褐色，最后变为深褐色。菌柄长至19 cm，直径1~2 cm，近圆柱形，上粗下细，中空，表面光滑，白色，受伤时轻微变黄。菌环双层，膜质，下垂，白色。担孢子4.5~6 μm × 3~3.5 μm，椭圆形，褐色，壁厚，表面光滑。|

生　　境	夏秋季群生于竹林中地上。
引证标本	GDGM87108，2022年8月15日，采集于东莞市大岭山森林公园。
讨　　论	食毒不明，慎食。

伞菌

糠鳞杵柄鹅膏

Amanita franzii Zhu L. Yang, et al.

| 形态特征 | 菌盖直径5~9 cm，扁平至平展，污白色至淡黄褐色，边缘淡色，被菌幕残余，菌幕残余疣状至粉末状，有时毡状，近糠麸色(灰褐色至褐灰色)，盖边缘有不明显沟纹。菌褶离生，米色，较密，短菌褶近菌柄端常平截。菌柄长7~10 cm，直径0.5~1.8 cm，白色至污白色，被灰褐色鳞片，基部膨大呈杵状至浅杯状，直径1.5~3 cm，上部边缘常有菌幕残余形成领口状。菌环上位，膜质，上表面白色，下表面淡灰色，宿存。担子45~58 μm × 10.5~12 μm，棒状，具4小梗。担孢子8.5~11.5 μm × 6.5~8.5 μm，椭圆形至长椭圆形，淀粉质。
| 生   境 | 夏秋季生于阔叶林中地上。
| 引证标本 | GDGM88371，2022年5月17日，采集于东莞市大岭山森林公园白石山景区。
| 讨   论 | 可能有毒。为树木外生菌根菌。与相似种的区别：本种基部膨大呈杵状至浅杯状而与假黄盖鹅膏 *A. pseudogemmata* 的相似，但后者菌盖黄色，被白色菌幕残余，菌柄被灰褐色鳞片，担孢子淀粉质。

格纹鹅膏

***Amanita fritillaria* Sacc.**

| **形态特征** | 菌盖直径4~10 cm，浅灰色、褐灰色至浅褐色，具辐射状隐生纤丝花纹，被深灰色至近黑色鳞片。菌柄长5~10 cm，直径0.6~1.5 cm，白色至污白色，被灰色至褐色鳞片，基部呈近球状、陀螺状至梭形，直径1~2.5 cm，其上半部被有深灰色、鼻烟色至近黑色鳞片。菌环上位。担孢子7~9 μm × 5.5~7 μm，宽椭圆形至椭圆形，光滑，无色，淀粉质。
| **生　　境** | 夏秋季散生或群生于针叶林、阔叶林中地上。
| **引证标本** | GDGM88506，2022年5月20日，采集于东莞市杨屋马鞍山生态公园。
| **讨　　论** | 微毒，应避免采食。

伞菌

大果鹅膏

Amanita macrocarpa W. Q. Deng, et al.

| 形态特征 | 菌盖直径15~40 cm，近半球形、扁半球形、凸镜形至平展，后期边缘上翘，幼时带淡橙色至淡橙红色，后褐橙色或淡褐色，边缘渐变污白色至淡褐色，有高2~3 mm的浅褐色至淡橙褐色（有时带粉红色）锥状至疣状鳞片。菌肉厚，白色，伤后变淡黄色。菌褶离生，白色至米黄色，较密。菌柄长18~35 cm，直径2~5 cm，基部膨大，直径5.7~6.2 cm，圆柱形至倒棒形，污白色至淡橙黄色，被白色、淡红色至浅褐黄色小鳞片，近基部有白色、淡红色至浅褐色的疣状菌幕残余，内部白色，伤后变淡黄色。菌环中生偏上，污白色至米色，厚膜质，易脱落。担孢子7~9 μm × 5~6 μm，椭圆形，光滑，无色，淀粉质。

| 生　　境 | 春夏季散生于阔叶林中地上。

| 引证标本 | GDGM94382，2024年5月9日，采集于东莞市大岭山森林公园山猪坑。

| 讨　　论 | 食毒不明。它的一些近似种有毒，所以本种极可能有毒。

欧氏鹅膏

Amanita oberwinkleriana Zhu L. Yang & Yoshim. Doi

| 形态特征 | 菌盖直径3~9 cm，初半球形，渐平展，白色至淡米黄色，光滑，或具大片白色、膜质菌幕残余，湿时稍黏，边缘平滑。菌肉白色，伤不变色。菌褶离生，稍密，不等长，白色，老时可变乳白色至淡黄色，小菌褶近菌柄端渐窄。菌柄长5~8 cm，上端直径0.5~1.5 cm，近圆柱形或向下增粗，白色，光滑或被白色纤毛状小鳞片，内部实心至松软，白色，基部近球形，直径1~2 cm。菌托浅杯状，白色。菌环上位，白色，膜质，表面有细沟纹。担子30~55 μm × 9~14 μm，棒状，多具4小梗。担孢子7.5~9.5 × 5.5~7 μm，椭圆形，光滑，薄壁，无色，淀粉质。

| 生　　境 | 夏秋季生于壳斗科等植物林中地上。
| 引证标本 | GDGM88365，2022年5月17日，采集于东莞市大岭山森林公园白石山景区。
| 讨　　论 | 毒性较强，能引起肾衰竭。南方常见毒蘑菇，"白毒伞"种类之一。

卵孢鹅膏

Amanita ovalispora **Boedijn**

| 形态特征 | 菌盖直径4~7 cm，灰色至暗灰色，表面平滑或偶有白色菌幕残片，边缘有长棱纹。菌肉白色，伤不变色。菌褶离生，不等长，白色，干后常呈灰色或浅褐色。菌柄长6~10 cm，直径0.5~1.5 cm，上半部常被白色粉状鳞片。菌环无。菌托袋状至杯状，膜质。担孢子9~11 μm × 7~9 μm，宽椭圆形至椭圆形，光滑，无色，非淀粉质。
| 生　　境 | 夏秋季散生于阔叶林中地上。
| 引证标本 | GDGM94391，2024年5月9日，采集于东莞市大岭山森林公园山猪坑。
| 讨　　论 | 食毒不明。

假褐云斑鹅膏

***Amanita pseudoporphyria* Hongo**

| 形态特征 | 菌盖直径4~12 cm，幼时半球形，后渐扁平、近平展到边缘上翘，褐灰色，光滑，似有隐生纤毛或花纹，稍黏，有时被有菌幕碎片，边缘平滑无条棱。菌肉白色，伤不变色，中部稍厚。菌褶离生，白色，密，不等长。菌柄长5~12 cm，直径0.6~1.8 cm，白色，常有纤毛状鳞片或白色絮状物，基部膨大后向下稍延伸成假根状，实心。菌环上位，白色，膜质。菌托苞状或袋状，白色。担孢子7.5~9 μm × 4~6 μm，卵圆形至宽椭圆形，光滑，无色，淀粉质。

| 生　　境 | 夏秋季生于针叶林或阔叶林中地上。

| 引证标本 | GDGM88483，2022年5月20日，采集于东莞市杨屋马鞍山生态公园。

| 讨　　论 | 据报道含有少量毒素，急性肾衰竭型毒蘑菇。

伞菌

土红鹅膏

Amanita rufoferruginea Hongo

| 形态特征 | 子实体中型。菌盖直径4~10 cm，半球形至平展，黄褐色，被土红色至橘红褐色粉末。菌肉白色，伤不变色。菌褶白色，不等长。菌柄圆柱形，长7~10 cm，直径0.8~1 cm，被土红色至锈红色粉末，基部膨大呈杵状，直径1.5~2 cm，被絮状至粉状菌幕残余。菌环上位，易脱落。担孢子7~9 μm × 6.5~8.5 μm，近球形，光滑，无色，非淀粉质。
| 生　　境 | 夏秋季散生于针阔混交林地上。
| 引证标本 | GDGM91219，2023年4月26日，采集于东莞市大岭山森林公园。
| 讨　　论 | 有毒。

亚球基鹅膏

***Amanita subglobosa* Zhu L. Yang**

| 形态特征 | 菌盖直径4~10 cm，浅褐色至琥珀褐色，被白色至浅黄色，角锥状至疣状鳞片。菌柄长5~15 cm，直径0.5~2 cm，圆柱形，基部直径1.5~3.5 cm，膨大，近球状，上部被有小颗粒状至粉状的菌托，呈领口状。菌环上位，膜质。担孢子8.5~12 μm × 7~9.5 μm，宽椭圆形至椭圆形，光滑，无色，非淀粉质。
| 生　　境 | 夏秋季生于由松树、杨树和壳斗科植物组成的混交林中地上。
| 引证标本 | GDGM89785，2022年6月23日，采集于东莞市大岭山森林公园大溪步道。
| 讨　　论 | 可能有毒。

伞菌

残托鹅膏有环变型

***Amanita sychnopyramis* f. *subannulata* Hongo**

| **形态特征** | 菌盖直径3~8 cm，平展，浅褐色至深褐色，有鳞片。鳞片角锥状至圆锥状，白色至浅灰色，基部色较深。菌肉白色，伤不变色。菌褶离生，不等长，白色。菌柄长5~11 cm，直径0.7~1.5 cm，圆柱形，基部膨大呈近球状至腹鼓状，上半部被疣状、小颗粒状至粉末状的菌托。菌环中下位至中位。担孢子6.5~8.5 μm × 6~8 μm，球形至近球形，光滑，无色，非淀粉质。

| **生　　境** | 夏秋季生于阔叶林或针阔混交林中地上。
| **引证标本** | GDGM89785，2022年6月23日，采集于东莞市大岭山森林公园大溪步道。
| **讨　　论** | 有毒，神经精神型毒蘑菇。

绒毡鹅膏

Amanita vestita Corner & Bas

| 形态特征 | 菌盖直径3~5 cm，凸镜形至平展，无沟纹，密被黄褐色、浅褐色至暗褐色绒状、絮状至毡状的菌幕，中部可有疣状鳞片，易脱落，边缘常附絮状物。菌肉白色，伤不变色。菌褶离生至近离生，白色。菌柄长4~6 cm，直径0.5~1 cm，近圆柱形，稍向下增粗，灰白色至灰色，被近白色至浅灰色纤丝状至絮状鳞片，实心，基部膨大，直径1~2 cm，近梭形，有短假根。菌环上位，易破碎脱落。担孢子7~10.5 μm × 5~7 μm，椭圆形，光滑，无色，淀粉质。

| 生　　境 | 夏秋季散生于热带及南亚热带林中地上。

| 引证标本 | GDGM91270，2023年4月27日，采集于东莞市大岭山森林公园灯心塘保护区。

| 讨　　论 | 食毒不明，可能有毒。分布于我国华南地区。菌盖及菌柄被相当特别的绒状、絮状至毡状的附属物和鳞片，可作重要的野外识别特征。

伞菌

锥鳞白鹅膏

Amanita virgineoides Bas

| 形态特征 | 菌盖直径6~18 cm，扁半球形至平展，菌盖表面白色，被菌幕残余，菌幕残余圆锥状至角锥状，白色，高1~3 mm，基部宽1~3 mm，至菌盖边缘渐变小，边缘常悬垂有絮状物，无沟纹。菌褶白色至米色，小菌褶近菌柄端渐窄。菌柄长10~20 cm，直径1.5~3 cm，白色，被白色絮状至粉末状鳞片，排列成蛇皮纹状。菌环近顶生，白色，下表面有疣状至锥状小凸起，易破碎消失。菌柄基部腹鼓状至卵形，直径3~4 cm，在其上半部被有白色疣状至颗粒状菌幕残余，排列成不规则环带状。担子35~50 μm × 10~13 μm，具4小梗。担孢子7~11.5 μm × 5.5~8.5 μm，宽椭圆形至椭圆形，淀粉质。

| 生　　境 | 夏秋季生于阔叶林地上。

| 引证标本 | GDGM94415，2024年5月10日，采集于东莞市大岭山森林公园山猪坑。

| 讨　　论 | 有毒。

栗粒皮秃马勃

Calvatia boninensis S. Ito & S. Imai

| 形态特征 | 子实体直径3~8 cm，近球形或近陀螺形，不育基部通常宽而短，表皮细绒状，龟裂为栗色、褐红色或棕褐色细小斑块或斑纹。包被褐色，成熟开裂时上部易消失，柄状基部不易消失。内部产孢组织幼时白色至近白色，后变黄色，呈棉絮状，成熟后孢粉暗褐色。担孢子4~5.5 μm × 3~4 μm，宽椭圆形至近球形，有小疣，淡青黄色。
| 生　　境 | 夏秋季单生或群生于林中腐殖质丰富的地上。
| 引证标本 | GDGM88461，2022年5月19日，采集于东莞市大岭山森林公园长安广场。
| 讨　　论 | 幼时可食用。分布于东北、华北、华南等地。

伞菌

黄盖堪多小脆柄菇

Candolleomyces candolleanus (Fr.) D. Wächt. & A. Melzer

| 形态特征 | 菌盖直径2~7 cm，幼时圆锥形，渐变为钟形，老后平展，初期边缘悬挂花边状菌幕残片，黄白色、淡黄色至浅褐色，边缘具透明状条纹，成熟后边缘开裂，水浸状。菌肉薄，污白色至灰棕色。菌褶密，直生，淡褐色至深紫褐色，边缘齿状。菌柄长4~7 cm，直径3~5 mm，圆柱形，基部略膨大，幼时实心，后空心，丝光质，表面具白色纤毛。担孢子6.5~8.2 μm × 3.5~5.1 μm，椭圆形至长椭圆形，光滑，淡棕褐色。

| 生　　境 | 夏秋季簇生于林中地上、田野、路旁等，罕生于腐朽的木桩上。

| 引证标本 | GDGM91234，2023年4月27日，采集于东莞市大岭山森林公园。

| 讨　　论 | 食用。分布于我国大部分地区。

皱波斜盖伞

Clitopilus crispus Pat.

| **形态特征** | 子实体中型，白色。菌盖直径2~7 cm，白色至粉白色，初凸镜形，后扁平至近平展，中央稍下陷至凹陷，边缘内卷，有辐射状排列的细脊突，脊突上有丛毛状附属物呈流苏状。菌肉白色。菌褶宽2~3 mm，延生，不等长，初期白色，后奶油色至带粉红色。菌柄长2~6 cm，直径0.3~1 cm，白色。担孢子6~7.5 μm × 4.5~5.5 μm，卵形、宽椭圆形至椭圆形，具9~11条纵棱纹，淡粉红色。

生　　境 | 春至秋季生于竹林等林中路边土坡上或林中地上。

引证标本 | GDGM91226，2023年4月26日，采集于东莞市大岭山森林公园林科园。

讨　　论 | 食毒不明。菌盖边缘的特征可作重要的识别特征。

伞菌

阿帕锥盖伞

Conocybe apala (Fr.) Arnolds

| 形态特征 | 菌盖直径1~3 cm，斗笠形或伞状至钟形，薄且脆，黄白色至浅黄褐色，一般顶部色深，边缘近白色至黄白色，往往具细条纹，黏。菌肉污白色，薄。菌褶直生，密、窄，不等长，初期污白色渐变锈黄色。菌柄长5~8 cm，直径1~3 mm，空心，圆柱形，白色或灰白色，附粉末状颗粒，等粗至向基部略膨大。担孢子12~18 μm × 6~10 μm，椭圆形至卵圆形，光滑，锈褐色。

| 生　　境 | 夏秋季单生或群生于草地、路边或林缘草丛等腐殖质丰富的地上。
| 引证标本 | GDGM88492，2022年5月20日，采集于东莞市杨屋马鞍山生态公园。
| 讨　　论 | 食毒不明。分布于华南、华中等地。

莫氏锥盖伞

Conocybe moseri Watling

形态特征	菌盖直径5~12 mm，凸形至钟形，表面平滑，浅灰棕色或淡赭色，带有灰色调。菌褶窄，离生，宽达1.5 mm，密，淡赭色至锈棕色。菌柄长30~70 mm，直径1~3 mm，向上略微变细，白色至浅棕色，下部变棕色，基部有白色绒毛，菌柄中空。担孢子8.5~12 μm × 5.5~8.0 μm，椭圆形，壁厚，淡棕色。担子17~30 μm × 8~11.5 μm，棒状，4孢。
生　　境	春夏季群生于阔叶林中地上。
引证标本	GDGM88431，2022年5月18日，采集于东莞市大岭山森林公园。
讨　　论	食毒不明。

伞菌

花脸香蘑

Collybia sordida (Schumach.) Z. M. He & Zhu L. Yang

| **形态特征** | 菌盖直径4~8 cm，幼时半球形，后平展，新鲜时紫罗兰色，失水后颜色渐淡至黄褐色，边缘内卷，具不明显的条纹，边缘常呈波状或瓣状，有时中部下凹，湿润时半透状或水浸状。菌肉带淡紫罗兰色，较薄，水浸状。菌褶直生，有时稍弯生或稍延生，中等密，淡紫色。菌柄长4~6.5 cm，直径0.3~1.2 cm，紫罗兰色，中实，基部多弯曲。担孢子4.2~5.2 μm × 3.5~3.8 μm，宽椭圆形至卵圆形，粗糙至具麻点，无色。

| **生　　境** | 初夏至夏季群生或近丛生于田野路边、草地、草原、农田附近、村庄路旁。

| **引证标本** | GDGM88491，2022年5月20日，采集于东莞市杨屋马鞍山生态公园。

| **讨　　论** | 食用，但注意该种易与有毒的丝膜菌 *Cortinarius* spp. 相混淆。

绒柄裸脚伞

Collybiopsis confluens (Pers.) R. H. Petersen

形态特征	菌盖直径1.5~4 cm，钟形至凸镜形，后渐平展，中部微突起，光滑，具放射状条纹或小纤维，淡褐色至淡红褐色。菌肉较薄，淡褐色。菌褶弯生至离生，稠密，窄，不等长，浅灰褐色至米黄色，褶缘白色。菌柄长4~8.5 cm，直径3~6 mm，中生，圆柱形，表面光滑或具沟纹，淡红褐色，向基部颜色渐深，具白色绒毛。担孢子5.7~8.6 μm × 3.1~4.4 μm，椭圆形，光滑，无色，非淀粉质。
生　　境	夏或秋季群生或近丛生于林中腐枝层或落叶层上。
引证标本	GDGM88507，2022年5月20日，采集于东莞市杨屋马鞍山生态公园。
讨　　论	食用。分布于我国大部分地区。

伞菌

白小鬼伞

Coprinellus disseminatus (Pers.) J. E. Lange

| 形态特征 | 子实体小型，极脆。菌盖直径5~15 mm，初期卵形至钟形，后变半球形、凸镜形至平展形，幼时白色至灰白色，中部带淡褐色至黄褐色，老时变灰色至灰褐色，被细小颗粒状至絮状鳞片或绒毛，边缘具长条纹。菌肉近白色，薄，极脆，味道与气味不明显。菌褶稍密，初期白色，后转为灰褐色至近黑色，成熟时缓慢自溶。菌柄长2~4 cm，直径1~3 mm，白色至灰白色，极脆。菌环阙如。担孢子7.3~9.6 μm × 4.4~5 μm，椭圆形，光滑，淡灰褐色，顶端具芽孔。

| 生 境 | 春至秋季群生至丛生于路边、林中的腐木上或草地上，常数十个、数百个甚至数千个蘑菇成群出现。

| 引证标本 | GDGM87336，2021年11月4日，采集于东莞市大岭山森林公园。

| 讨 论 | 有文献记载幼时可食，但老时可能有毒。颜色变化较大，幼时白色至灰白色，老时变灰色至灰褐色，容易误认为不同的种。往往是野外菌盖个数最多的种类。

家园小鬼伞(参照种)

Coprinellus cf. *domesticus* (Bolton) Vilgalys et al.

| 形态特征 | 菌盖直径2~5 cm,初期卵形至钟形,后期伸展至近锥形、凸镜形,淡黄色、蜜黄色至橙褐色,向边缘颜色渐浅,幼时有褐色的颗粒状至丛毛状小鳞片,中部鳞片褐色更明显,后渐消失,有辐射状细条纹。菌褶密,初期白色至米黄色,后转为灰色至黑色,成熟时缓慢自溶。菌柄长3~8 cm,直径2~6 mm,圆柱形,近等粗,有时基部稍膨大,白色,具白色粉霜,后较光滑且渐变淡黄色,脆,空心,有时基部有一褐色的环状或小菌托状突檐。菌环阙如。担孢子6~9 μm × 3.5~5 μm,椭圆形,光滑,灰褐色至暗褐色,稍厚壁,顶端具平截芽孔。

| 生　　境 | 春至秋季常少数几个丛生或多个群生于阔叶树腐木上。

| 引证标本 | GDGM94396,2024年5月10日,采集于东莞市大岭山森林公园山猪坑。

| 讨　　论 | 有文献记载这类小型的小鬼伞幼时可食,但建议不食。

伞菌

晶粒小鬼伞

Coprinellus micaceus (Bull.) Vilgalys, et al.

| 形态特征 | 菌盖直径2~4 cm，初期卵形至钟形，后期平展，成熟后盖缘向上翻卷，淡黄色、黄褐色、红褐色至赭褐色，向边缘颜色渐浅呈灰色，水浸状。幼时有白色的颗粒状晶体，后渐消失，边缘有长条纹。菌肉近白色至淡赭褐色，薄，易碎。菌褶初期米黄色，后转为黑色，成熟时缓慢自溶。菌柄长3~8.5 cm，直径2~5 mm，圆柱形，近等粗，有时基部呈棒状或球茎状膨大，白色，具白色粉霜，后较光滑且渐变淡黄色，脆，空心。菌环无。担孢子7~10 μm × 5~6 μm，椭圆形，光滑，灰褐色至暗棕褐色，顶端具平截芽孔。

| 生　　境 | 春至秋季丛生或群生于阔叶林中树根部附近的地上。

| 引证标本 | GDGM87115，2022年8月15日，采集于东莞市大岭山森林公园。

| 讨　　论 | 有文献记载幼时可食，但建议不食。各地均有分布。

拟鬼伞（参照种）

Coprinopsis cf. *urticicola* (Berk. & Broome) Redhead, et al.

| 形态特征 | 子实体小型。菌盖直径2~6 cm，褐色，肉质，初期盖表光滑，后表皮裂成白色丛毛状鳞片，并有易脱落的毛状颗粒，易消溶，边缘延伸，反卷，撕裂，且有直达中央的细条纹。菌肉初白色至褐色，后呈黑色，菌褶离生，褶缘平滑，微波状，有粗糙颗粒，后期液化为墨汁状。菌柄中生，圆柱形，长6~20 cm，直径2~7 mm，白呈褐色，柄基杵状，有时具长假根，上有棉絮状绒毛或白色鳞片，脆骨质，空心。担孢子8~14 μm × 6~9 μm，椭圆形至柠檬形或卵形，有明显尖突。

生　　境｜丛生于腐木上。

引证标本｜GDGM87320，2021年11月4日，采集于东莞市大岭山森林公园。

讨　　论｜食毒不明，建议不食。分子序列与 *C. urticicola* 相近，但后者生于草本植物上，更为纤弱，故作参照种处理。

伞菌

蓝鳞粉褶蕈

Entoloma azureosquamulosum Xiao Lan He & T. H. Li

| **形态特征** | 菌盖直径1~6 cm，半球形、凸镜形，后平展，无条纹，密被颗粒状小鳞片，深蓝色至带紫蓝色，中部较深色至近蓝黑色。菌肉近柄处厚2 mm，白色带蓝色。菌褶宽达5 mm，弯生或近直生，具短延生小齿，密，较厚，初白色，后粉红色，不等长。菌柄长4~5 cm，直径4~8 mm，圆柱形或近棒状，极脆，与菌盖同色或较浅，具深蓝色颗粒状鳞片，基部具白色菌丝体。担孢子9~10.5 μm × 6.5~8 μm，异径，5~7角，壁较厚，淡粉红色。

| **生　　境** | 散生于阔叶林中地上。

| **引证标本** | GDGM88419，2022年5月18日，采集于东莞市大岭山森林公园翠绿步径。

| **讨　　论** | 食毒不明。

丛生粉褶蕈

Entoloma caespitosum W. M. Zhang

| 形态特征 | 子实体小到中型。菌盖直径3~5 cm，斗笠形，中部具明显乳突，淡紫红色、粉红褐色至红褐色，光滑。菌肉淡粉红至淡紫红色。菌褶弯生至直生，不等长，初白色，后粉红色。菌柄圆柱形，长3~9 cm，直径2~6 mm，白色至近白色，空心，脆骨质，光滑。担孢子8.5~10.5 μm × 6~7.5 μm，6~8角，近椭圆形，粉红色。

| 生　　境 | 丛生或簇生于阔叶林中地上。
| 引证标本 | GDGM88416，2022年5月18日，采集于东莞市大岭山森林公园翠绿步径。
| 讨　　论 | 食毒不明。

浅黄绒皮粉褶蕈

Entoloma flavovelutinum O. V. Morozova, et al.

| 形态特征 | 子实体小至中型。菌盖直径 2~8.5 cm，半球形至扁平，有时中央凹陷，边缘初期内卷，后平展，黄白色至浅黄色，幼时被浅绒毛状鳞片，成熟后常脱落。菌肉白色，在菌柄附近变橙黄色。菌褶直生，较密，不等长，污白色至浅橙色。菌柄长 4~7.5 cm，直径 0.3~1.2 cm，圆柱形，中生，实心，有时具纵向凹槽，污白色，伤后浅橙黄色。担孢子 8.5~11.0 μm × 5.5~7.0 μm，水滴形、椭圆形，具 6~8 个钝角，无色或略带黄色。

| 生　　境 | 夏季单生或散生于林中地上。

| 引证标本 | GDGM88446，2022 年 5 月 18 日，采集于东莞市大岭山森林公园翠绿步径。

| 讨　　论 | 食毒不明。

近江粉褶蕈

Entoloma omiense (Hongo) E. Horak

| 形态特征 | 菌盖直径3~4 cm，初圆锥形，后斗笠形至近钟形，中部无明显突起，浅灰褐色至浅黄褐色，具明显条纹，表面光滑，边缘整齐。菌褶较密，薄，具2~3片小菌褶，直生，初白色，成熟后粉红色，褶缘整齐，与褶面同色。菌柄长5~9 cm，直径3~7 mm，中生，圆柱形，等粗或基部略粗，中空，光滑，具纵条纹，基部具白色菌丝。菌肉白色，薄，气味和味道不明显。担孢子9.3~11.2 μm × 7.9~9.2 μm，等径至近等径，5~6角，多为5角，角度明显。

| 生　　境 | 单生或散生于地上。
| 引证标本 | GDGM88324，2022年5月16日，采集于东莞市大岭山森林公园环湖绿道东段。
| 讨　　论 | 有毒，胃肠炎型，因与鸡㙡*Termitomyces* sp.形态特征相近而导致多人中毒。

佩奇粉褶蕈

Entoloma petchii E. Horak

形态特征	菌盖直径1.5~3.5 cm，初近半球形至凸镜形，成熟后平展，暗灰褐色至灰黑色，被黑褐色小鳞片，边缘无条纹。菌肉灰褐色，薄。菌褶宽达5 mm，直生，稍密，稍厚，初褐色带灰色，成熟后粉红褐色至灰褐色带粉红色，褶缘黑褐色，具2片小菌褶。菌柄长2~4 cm，直径2~3 mm，圆柱形，被黑褐色小鳞片，空心，基部具白色菌丝体。担孢子9.5~12 μm，方形，厚壁，淡粉红色。
生　　境	秋季单生于阔叶林中地上或散生于混交林中砂质土上。
引证标本	GDGM87126，2022年8月16日，采集于东莞市大岭山森林公园。
讨　　论	食毒不明。分布于我国华南地区。

沟纹粉褶蕈

Entoloma sulcatum (T. J. Baroni & Lodge) Noordel. & Co-David

| 形态特征 | 菌盖直径1.7 cm，平展，中央凹陷，无水浸状，微有放射状条纹，细纤维状，黄白色至橘粉色。菌肉薄，白色。气味无特殊。菌褶贴生，白色至粉色。菌柄长4 cm，直径2~3 mm，柱状，基部略膨大，光滑，白色。担子22~31.2 μm × 9.3~10.8 μm，担孢子9.5~11.8 μm × 6.7~8.3 μm，无锁状联合。
| 生　　境 | 单生或散生于地上。
| 引证标本 | GDGM88421，2022年5月18日，采集于东莞市大岭山森林公园翠绿步径。
| 讨　　论 | 食毒不明。

伞菌

喇叭状粉褶菌

Entoloma cf. *tubaeforme* T. H. Li, et al.

形态特征	菌盖直径1.6~4 cm，明显中凹，漏斗形至喇叭状，被放射状纤毛或条纹，淡灰橙褐色至深褐色，边缘渐浅，中央凹陷处被深褐色细微鳞片，边缘渐光滑，干。菌肉白色，薄。菌褶延生，宽达6 mm，白色至粉红色，近稀疏，不等长，具小菌褶。菌柄长2.2~4 cm，直径2~4 mm，柱形，中生，近白色至带菌盖色，常被白色细绒毛，基部具白色菌丝体。担孢子8~11.5 μm × 6.5~9 μm，4~6角，厚壁。
生 境	夏季群生于林地中。
引证标本	GDGM88430，2022年5月18日，采集于东莞市大岭山森林公园翠绿步径。
讨 论	食毒不明。分布于我国华南地区。

陀螺老伞

Gerronema strombodes (Berk. & Mont.) Singer

| 形态特征 | 菌盖直径1.5~2.5 cm，平展凸镜形，中央略凹陷，黄褐色至茶色，有灰褐色平伏纤毛及辐射条纹，稍黏，边缘老时波纹。菌肉薄，近白色，伤不变色，气味不明显。菌褶延生，稀，近白色。菌柄长0.8~2 cm，直径2~3 mm，柱形等粗，淡灰白色至微褐白色，被微小绒毛，下部较暗，空心，脆。担孢子 8~11 μm × 4.5~5.5 μm，椭圆形，光滑，无色。

| 生　　境 | 群生至丛生于竹林中落叶小枝上。

| 引证标本 | GDGM87118，2022年8月15日，采集于东莞市大岭山森林公园。

| 讨　　论 | 食毒不明。分布于我国华南地区。

伞菌

橙褐裸伞

Gymnopilus aurantiobrunneus Z. S. Bi

| 形态特征 | 菌盖直径1.5~5.2 cm，扁半球形至平展，浅黄色至黄褐色或锈褐色至紫褐色，上被绒毛及鳞片。菌肉近柄处厚1~5 mm，黄色至肉黄色，伤不变色。菌褶黄褐色或锈褐色，不等长。菌柄长1~4 cm，直径1~6 mm，中生至偏生，上有鳞片或纤毛，黄褐色或紫褐色。担孢子6.6~7.5 μm × 4.4~5 μm，椭圆形，具细小疣或小刺。

| 生　　境 | 夏秋季散生或群生于阔叶林中腐木上。

| 引证标本 | GDGM91275，2023年4月28日，采集于东莞市大岭山森林公园。

| 讨　　论 | 食毒不明。

热带紫褐裸伞

***Gymnopilus dilepis* (Berk. & Broome) Singer**

| 形态特征 | 子实体中小型。菌盖直径3~7 cm，平展，紫褐色，中央被褐色至暗褐色直立鳞片。菌肉淡黄色至米色，味苦。菌褶褐黄色至淡锈褐色。菌柄长4~8 cm，直径3~10 mm，近圆柱形，褐色至紫褐色，有细小纤丝状鳞片。菌环丝膜状，易消失。担孢子5.9~6.7 μm × 4~4.3 μm，椭圆形至卵形，表面有小疣，无芽孔，锈褐色。
| 生　　境 | 夏秋季生于林中腐木上。
| 引证标本 | GDGM87324，2021年11月4日，采集于东莞市大岭山森林公园。
| 讨　　论 | 有毒，神经精神型毒蘑菇。

伞菌

臭裸脚伞

***Gymnopus foetidus* (Sowerby) J. L. Mata & R. H. Petersen**

| 形态特征 | 菌盖直径1~3 cm，中央下陷呈肚脐状，红褐色至棕褐色条纹延伸到褶边。菌褶初淡黄色，后变红。菌柄长2~3 cm，直径1~1.5 mm，褐色，柔软，基部有绒毛。烂酸菜气味。担孢子7~8.8 μm × 3~4 μm，无色。
| 生　　境 | 夏季集群生长在落叶树腐朽的枝条上。
| 引证标本 | GDGM87345，2021年11月5日，采集于东莞市大岭山森林公园林科园。
| 讨　　论 | 不可食用。

华丽海氏菇

Heinemannomyces splendidissimus Watling

形态特征	菌盖直径3.5~4.5 cm，平展，灰红色，表面被平伏的毡状绒毛，边缘有菌幕残片，下皮层白色。菌肉白色，伤变红。菌褶灰蓝色或铅灰色，后期黑色，直生，密，有小菌褶。菌柄长3.8~5.5 cm，直径5~8 mm，柱状，中空。菌环上位，绒毛状，菌环以上较细，乳黄色至橄榄褐色，后期因散落孢子而呈灰色，被丛生绒毛，菌环以下颜色与菌盖相近，被毡状绒毛。担子17~19 μm × 5.6~8 μm，短棒状，2孢或4孢。担孢子6~8 μm × 3.6~4.5 μm，椭圆形或卵圆形，光滑，厚壁，未成熟时近无色，成熟后蓝紫色。
生　　境	生于阔叶林中地上。
引证标本	GDGM91235，2023年4月27日，采集于东莞市大岭山森林公园。
讨　　论	食毒不明。

伞菌

长根小奥德蘑

Hymenopellis radicata (Relhan) R. H. Petersen

| 形态特征 | 菌盖直径3~7 cm，浅褐色、橄榄褐色至深褐色，光滑，湿时黏，幼时半球形，成熟后渐平展，中央有较宽阔的微突起或呈脐状，具辐射状条纹。菌肉较薄，肉质，白色。菌褶弯生，较宽，稍密，不等长，白色。菌柄长6~20 cm，直径0.5~1 cm，圆柱形，顶部白色，其余部分浅褐色，近光滑，有纵条纹，往往呈螺旋状，表皮脆质，内部菌肉纤维质，较松软，基部稍膨大且向下延伸形成很长的假根。担孢子14~18 μm × 12~15 μm，近球形至球形，光滑，无色。

| 生　　境 | 初夏至秋季生于阔叶林中地上或林缘地上。

| 引证标本 | GDGM89661，2022年7月21日，采集于东莞市大岭山森林公园茶山顶。

| 讨　　论 | 食用。

丛生垂幕菇（参照种）

***Hypholoma* cf. *fasciculare* (Huds.) P. Kumm.**

| 形态特征 | 菌盖直径0.5~4.3 cm，初期圆锥形至钟形，近半球形至平展，中央钝至稍尖，硫黄色至盖顶稍红褐色至橙褐色，光滑，盖缘硫黄色至灰硫黄色，吸水至稍水渍状，干后易转变为黑褐色至暗红褐色，或水渍状部位暗褐色，有时干后不变色，盖缘初期覆有黄色丝膜状菌幕残片，后期消失。菌肉浅黄色至柠檬黄色。菌褶弯生，初期硫黄色，后逐渐转变为橄榄绿色，最后转变为橄榄紫褐色。菌柄长1~4 cm，直径1~3.9 mm，圆柱形至近圆柱形，硫黄色，向下逐渐变为橙黄色至暗红褐色，有时具有菌幕残痕或易消失的菌环，基部具有黄色绒毛。担孢子5.5~6.5 μm × 4~4.5 μm，椭圆形至长椭圆形，光滑，淡紫灰色。
| 生　　境 | 夏秋季簇生或丛生于腐烂的树桩、腐倒木、腐烂的树枝上或埋入地下的腐木上。
| 引证标本 | GDGM87344，2021年11月5日，采集于东莞市大岭山森林公园。
| 讨　　论 | 有毒。药用。全国各地均有分布。我国南方地区的标本个体偏小，可能是丛生垂幕菇的近缘种，暂作参照种处理。

伞菌

毒蝇歧盖伞

Inosperma muscarium Y. G. Fan, et al.

| 形态特征 | 菌盖直径2~5 cm，幼时钟形至半球形，后呈斗笠形或平展，盖中央突起，淡褐色，中央色深，干，边缘易裂。菌褶密，灰褐色。菌肉白色至浅黄色。菌柄长3~4 cm，直径2~3 mm，圆柱形，等粗，实心，浅黄色至棕色，上端被鳞片。担孢子10.5~12.2 μm × 5.0~7.5 μm，椭圆形，光滑，浅黄色。
| 生　　境 | 夏季或秋季散生于阔叶林中地上。
| 引证标本 | GDGM89662，2022年7月21日，采集于东莞市大岭山森林公园茶山顶。
| 讨　　论 | 有毒，神经精神型毒蘑菇。

小红蜡蘑

Laccaria miniata Ming Zhang

| 形态特征 | 菌盖直径0.8~2.2 cm,平展,中央微凹陷,新鲜时淡橙红色至橙红色,表面光滑,边缘具细条纹。菌肉薄,肉粉色。菌褶宽1.5~2 mm,直生,不等长,较稀,新鲜时橙红色。菌柄长4~10 cm,直径1~4 mm,同菌盖色,圆柱形。担孢子8~10 μm × 7.6~9.5 μm,近圆形。

| 生　　境 | 生于林中裸露地面上。

| 引证标本 | GDGM88395,2022年5月17日,采集于东莞市大岭山森林公园厚街广场。

| 讨　　论 | 食毒不明。

伞菌

红蜡蘑

Laccaria laccata (Scop.) Cooke

| 形态特征 | 菌盖直径 2.5~4.5 cm，薄，近扁半球形，后渐平展，淡红褐色或粉褐色，湿润时水浸状，干后呈肉色至藕粉色，光滑或近光滑，边缘波状或瓣状并有条纹。菌肉与菌盖同色或粉褐色，薄。菌褶直生或近弯生，稀疏，宽，不等长，淡红褐色或粉褐色，附有白色粉末。菌柄长 3~7 cm，直径 3~8 mm，圆柱形，与菌盖同色，近圆柱形或稍扁圆，下部常弯曲，实心，纤维质，较韧，内部松软。担孢子 7.5~11 μm × 7~9 μm，近球形，具小刺，无色或带淡黄色。

| 生　　境 | 夏秋季散生或群生于林地上或腐殖质上。

| 引证标本 | GDGM88434，2022年5月18日，采集于东莞市大岭山森林公园。

| 讨　　论 | 食毒不明。

白黄乳菇

Lactarius alboscrobiculatus H. T. Le & Verbeken

| 形态特征 | 菌盖直径3~12 cm，中凹形至漏斗形，表面干燥，稍有皱纹，有多条黄色或淡黄褐色同心环纹，白色至黄白色，边缘波纹状，稍内卷，光滑，或环纹上稍有明显微绒毛。菌褶宽2~3.5 mm，近延生至短延生，紧密至拥挤，每个子实体有60~80片完全菌褶，不等长，与菌盖同色，白色至黄白色。菌肉菌盖处厚5~8 mm，黄白色至灰白色，伤不变色。子实体有愉悦气味，辣味，伤不变色。乳汁白色至黄白色。菌柄长2.5~4 cm，直径2~3 cm，圆柱状，中生，下端变细，基部倒锥形，表面干燥，有不明显的小陷窝，白色至黄白色。担子28~39 μm × 8~11 μm，棒状至圆柱状，4孢，担子小梗长4.3~5 μm，薄壁，透明。担孢子5~8.5 μm × 5.2~7 μm，球形至近球形，有明显的不完整网纹及部分带状粗纹，淀粉质。|

生　　境	夏季或秋季散生于阔叶林中地上。
引证标本	GDGM91216，2023年4月26日，采集于东莞市大岭山森林公园。
讨　　论	食毒不明。

伞菌

冠状环柄菇

Lepiota cristata (Bolton) P. Kumm.

| 形态特征 | 菌盖直径1~7 cm，白色至污白色，被红褐色至褐色鳞片，中央具钝的红褐色光滑突起。菌肉薄，白色。菌褶离生，白色。菌柄长1.5~8 cm，直径0.3~1 cm，白色，后变为红褐色。菌环上位，白色，易消失。盖表鳞片由子实层状排列的细胞组成。担孢子5.5~8 μm × 2.5~4 μm，侧面观三角形或近三角形，无色，拟糊精质。具令人作呕的气味。

| 生　　境 | 单生或群生于林中、路边、草坪等地上。

| 引证标本 | GDGM88315，2022年5月16日，采集于东莞市大岭山森林公园环湖绿道东段。

| 讨　　论 | 有毒。

橘鳞白环蘑

Leucoagaricus tangerinus Y. Yuan & J. F. Liang

| 形态特征 | 菌盖直径1.5~2.5 cm，平展，白色至污白色，表面密被土黄色丛状鳞片，中央色深。后期可能盖毛脱落。菌肉白色。菌褶离生，不等长，白色至米白色。菌柄长0.9~1.2 cm，直径0.5~0.7 cm，中生，圆柱形，干后空心，略弯曲，浅黄褐色，基部黄褐色，菌环中位，黄褐色，不易脱落。担孢子6~8 μm × 3.5~4 μm，椭圆形至宽椭圆形，无色至淡黄色，光滑。
| 生　　境 | 单生于阔叶林地上。
| 引证标本 | GDGM87291，2021年11月3日，采集于东莞市大岭山森林公园。
| 讨　　论 | 食毒不明。

伞菌

白垩白鬼伞

***Leucocoprinus cretaceus* (Bull.) Locq.**

形态特征	菌盖直径4~7 cm，初期近半球形至近圆锥形，后呈斗笠形、宽圆锥形、稍平展至平展中部凸形，具白色至灰白色的绒毛及粉末状细鳞片，老时变带淡黄褐色，边缘条纹不明显或具弱细条纹。菌肉薄，白色。菌褶离生，不等长，白色，密。菌柄长7~10 cm，直径达1.5~2.5 cm，向下渐粗，基部膨大至长球茎形，与菌盖同色，被白色粉末状附属物或粉末状鳞片，老时淡黄褐色或淡橙褐色。菌环上位，膜质，脆弱，白色。担孢子9~11.4 μm × 6~7.5 μm，卵形至椭圆形，具明显的芽孔，光滑，无色，拟糊精质。
生　　境	夏秋季散生于林中地上或草地上。
引证标本	GDGM88493，2022年5月20日，采集于东莞市大岭山森林公园。
讨　　论	食毒不明。新鲜时白灰状的颜色可作识别特征。

易碎白鬼伞

Leucocoprinus fragilissimus (Ravenel ex Berk. & M. A. Curtis) Pat.

| 形态特征 | 菌盖直径2~4 cm，平展，膜质，易碎，具辐射状条纹，近白色，被黄色至浅绿黄色的粉质细鳞。菌肉极薄。菌褶离生，黄白色。菌柄长5~10 cm，直径2~4 mm，圆柱形，淡绿黄色，脆弱。菌环上位，膜质，白色。担孢子10~13 μm × 7~9 μm，侧面观卵状椭圆形至宽椭圆形，背腹观椭圆形或卵圆形，光滑，无色，拟糊精质。
| 生　　境 | 夏秋季单生于林中地上或草丛中地上。
| 引证标本 | GDGM88288，2022年5月16日，采集于东莞市大岭山森林公园环湖绿道东段。
| 讨　　论 | 有毒。该种较为常见，由于它十分脆弱，触碰时它的菌盖极易破碎成粉末状，常难以采集到完整的标本。

洛巴伊大口蘑

Macrocybe lobayensis (R. Heim) Pegler & Lodge

| 形态特征 | 菌盖直径7~20 cm，初期半球形至扁半球形，后凸镜形到近平展，中部稍下凹，近白色、灰白色、淡灰色或淡灰褐色，有时有淡赭色斑点，不黏，光滑无毛，老后有裂纹，边缘初期完整，没有条纹，稍内卷到伸展，有时成熟后略呈瓣状。菌肉厚，肉质，白色，伤不变色，无明显气味。菌褶贴生至近直生或近弯生，较密，直径，不等长，白色。菌柄长7~14 cm，直径3~6 cm，向下渐粗，基部膨大至6~10 cm，常多个成丛相连，白色至与菌盖同色，实心。担孢子5~7 μm × 3.5~4.5 μm，卵圆形至宽椭圆形，光滑，无色。

| 生　　境 | 夏秋季生于林中地上或草丛中地上，常丛生到簇生，偶单生。

| 引证标本 | GDGM87308，2021年11月4日，采集于东莞市大岭山森林公园。

| 讨　　论 | 食用。这个种是广东大型的野生蘑菇之一，可以人工栽培，商品名为金福菇。

树生微皮伞

Marasmiellus dendroegrus Singer

| 形态特征 | 菌盖直径0.6~2 cm，淡黄褐色至褐色，平展至平展脐凹或突出脐凹，膜质，有辐射状沟纹。菌肉微黄褐色，极薄，无味。菌褶直生，不等长，有分叉，黄褐色至橙褐色或褐色。菌柄长0.7~2.5 cm，直径0.4~1.8 mm，圆柱形，中生至偏生，黄色至黄褐色，空心，黄色菌索发达。担孢子 5~7 μm × 3~4 μm，椭圆形至梨形，光滑，无色。
| 生　　境 | 夏秋季群生于阔叶林中腐木上。
| 引证标本 | GDGM88308，2022年5月16日，采集于东莞市大岭山森林公园环湖绿道东段。
| 讨　　论 | 食毒不明。

伞菌

半焦微皮伞

Marasmiellus epochnous (Berk. & Broome) Singer

| 形态特征 | 菌盖直径3~10 mm，贝壳形到凸镜形，肾形、近圆形至椭圆形，初期白色至近白色，后期微褐色至带粉红橙灰色，被粉末状细绒毛至近光滑，有沟纹。菌肉白色。菌褶白色，老后部分淡褐色，直生或离生，不等长，分叉，稍稀。菌柄长3~5 mm，直径0.5 mm，偏生至近侧生，白色，被粉末状绒毛。担孢子6~8 μm × 3.5~4.5 μm，椭圆形，光滑，无色。

| 生　　境 | 夏秋季群生于阔叶林中枯枝上。
| 引证标本 | GDGM88373，2022年5月17日，采集于东莞市大岭山森林公园白石山景区。
| 讨　　论 | 食毒不明。

伯特路小皮伞

Marasmius berteroi (Lév.) Murrill

形态特征	菌盖直径0.4~2 cm，斗笠状、钟形至凸镜形，橙黄色、橙红色、橙褐色至铁锈色，干，被短绒毛，有沟纹，中微脐凹。菌肉薄，近白色至带菌盖颜色，无味道或有辣味。菌褶边缘每厘米12~20片，不等长，白色至浅黄色，直生至弯生。菌柄长2~4 cm，直径0.5~1.3 mm，与菌盖同色至带紫褐色，上部色较浅，有光泽，基部具菌丝体。担孢子10~16 μm × 3~4.5 μm，梭形至披针形，光滑，无色。
生　　境	夏秋季群生于阔叶林中枯枝落叶上。
引证标本	GDGM89763，2022年6月22日，采集于东莞市大岭山森林公园环湖步道南段。
讨　　论	食毒不明。分布于我国华南地区。

红盖小皮伞

***Marasmius haematocephalus* (Mont.) Fr.**

形态特征	菌盖直径0.5~2.5 cm，初钟形，后凸镜形至平展具脐突，红褐色至紫红褐色，干，密生微细绒毛，有弱条纹或沟纹。菌肉薄。菌褶弯生至离生，稍稀，初白色，后转淡黄白色，很少小菌褶。菌柄长3~5.5 cm，直径0.5~1 mm，深褐色或暗褐色，近顶部黄白色，脆骨质，基部稍膨大呈吸盘状，上有白色菌丝体。担孢子16~26 μm × 4~5.6 μm，近长梭形，光滑，无色。
生　　境	群生于阔叶林中枯枝腐叶上。
引证标本	GDGM88445，2022年5月18日，采集于东莞市大岭山森林公园翠绿步径。
讨　　论	食毒不明。分布于我国西北、华中、华南等地。

茉莉香小皮伞

Marasmius jasminodorus Wannathes, et al.

形态特征	菌盖直径1~4 cm，钟形，有时微凸形，具皱纹，深红褐色、浅红褐色，边缘浅棕色至棕褐色。菌肉黄白色，薄。菌褶直生或近离生，宽2~5 mm。菌柄长2~6.5 cm，直径1~2 mm，中生，圆柱形，坚韧，空心，光滑至具有细小绒毛，非直插入基物内，基部具粗糙的伏毛，淡橙褐色菌丝体，顶端淡黄白色，基部棕色至红棕色或深棕红色。气味浓，甜香，茉莉香。味道较苦。担子23~26 μm × 5~6.5 μm，圆柱形，4孢。担孢子8.5~13 μm × 3~4.5 μm，椭圆形，弯曲，光滑，薄壁，透明，无色，非淀粉质。
生　　境	常群生于腐叶或腐枝上。
引证标本	GDGM87137，2022年8月17日，采集于东莞市大岭山森林公园老虎岩水库。
讨　　论	食毒不明。目前我国仅广东有发现。

伞菌

棕榈小皮伞

Marasmius palmivorus Sharples

| **形态特征** | 菌盖直径 0.3~4 cm，半球形，白色，膜质，中部微凹，边缘有细条纹。菌肉薄，白色，无味。菌褶白色，直生，稀，不等长。菌柄长0.3~3 cm，直径1~4 mm，白色，下部呈灰褐色。担孢子6.5~9.5 μm × 3.5~5.0 μm，椭圆形，光滑，无色。
| **生　　境** | 夏秋季生于阔叶林腐木上。
| **引证标本** | GDGM87328，2021年11月4日，采集于东莞市大岭山森林公园。
| **讨　　论** | 食毒不明。

素贴山小皮伞

Marasmius suthepensis Wannathes, et al.

| 形态特征 | 菌盖宽0.8~2.2 cm，凸镜形、渐平展，中央橙褐色至淡橙色，褪至淡黄色，边缘橙白色至淡黄色，有或无脐突，光滑至有弱的沟纹，无毛。菌肉薄，白色。菌褶直生至离生，较密，褶缘带菌盖颜色。菌柄长2~5.5 cm，直径1 mm，圆柱形，顶端黄白色，基部红褐色，基部菌丝体黄色。担孢子10~13 μm × 3.1~4 μm，椭圆形，光滑，无色。

生　　境 | 单生或群生于双子叶植物腐叶、腐木上。

引证标本 | GDGM94423，2024年5月11日，采集于东莞市大岭山森林公园大板水库。

讨　　论 | 食毒不明。

伞菌

白丝小蘑菇

Micropsalliota albosericea Heinem. & Leelav.

形态特征	菌盖直径3~7 mm，中央凹陷至平展，边缘有小锯齿，表面干燥，被有小纤维，白色。菌肉膜质，白色。菌褶离生，疏，菌褶间有2片小菌褶，直径1~1.5 mm，单侧膨大，白色至灰橘黄色至棕色。菌柄长1~3 cm，直径0.2~0.5 cm，纤细，中空，光滑或微绒毛，白色，菌环下垂或至顶，单生，上翘，易脱落，白色。伤不变色，干后棕色至深棕色。担孢子4.5~6 μm × 3~4 μm，近球形，宽椭圆形，光滑，褐色。
生　　境	生于阔叶林土地上。
引证标本	GDGM87300，2021年11月3日，采集于东莞市大岭山森林公园。
讨　　论	食毒不明。

糠鳞小蘑菇

Micropsalliota furfuracea R. L. Zhao, et al.

| 形态特征 | 子实体小型。菌盖直径2~3.5 cm，初期钝圆锥凸形，后伸展呈平凸形，污白色至稍带褐色，边缘有条纹，中央有较密的淡棕褐色平贴小鳞片，边缘糠麸状小鳞片。菌肉白色，伤后或老后变红褐色至暗褐色。菌褶离生，不等长，较密，棕黄褐色至棕褐色。菌柄长2.5~3.5 cm，直径2.5~3.5 mm，等粗，空心，纤维质，初期白色至淡黄色，伤后变红褐色，后期变暗褐色至暗紫褐色。菌环上位，单环。担孢子6~7.5 μm × 3~4 μm，椭圆形，光滑，褐色。

| 生 境 | 群生或丛生于阔叶林中地上。

| 引证标本 | GDGM91272，2023年4月28日，采集于东莞市大岭山森林公园。

| 讨 论 | 食毒不明。

伞菌

球囊小蘑菇（参照种）

Micropsalliota cf. *globocystis* Heinem.

| **形态特征** | 菌盖直径1.3~8 cm，初圆锥形至宽圆锥形，后平展脐凸形，中部紫色、紫褐色、灰褐色或红褐色，四周近白色、橙白色至灰白色，具小鳞毛。菌肉厚达3 mm，硬，白色。菌褶离生，宽2~4 mm，密集，初灰白色，后呈灰褐色，近盖边缘灰白色。菌柄长4~12 cm，直径3~8 mm，常中生，圆柱形，中空，光滑或具绒毛，白色至带红褐色，菌环直径5 mm，上位，单个，边缘全缘，宿存，膜质。担子13~23 μm × 6~9 μm，宽棒形，透明，4孢。担孢子6~8.3 μm × 3.5~4.5 μm，椭圆形，无芽孔，棕色。

生　　境 | 丛生或散生于林中地上。

引证标本 | GDGM87136，2022年8月17日，采集于东莞市大岭山森林公园老虎岩水库。

讨　　论 | 食毒不明。

大变红小蘑菇

Micropsalliota megarubescens R. L. Zhao, et al.

| 形态特征 | 菌盖直径 3.0~6.5 cm，钝圆锥形至凸镜形，渐变平凸，常具脐凸，表面干燥，中部微纤维，边缘近光滑无毛，近白色至奶油色，后变为灰褐色，中部颜色较深。菌肉厚约 3 mm，白色。菌褶离生，密，有 3 片不等长的小菌褶，宽 4~6 mm，初近白色，后浅褐色或呈灰色，褶缘较浅。菌柄长 6~11 cm，直径 0.5~1.2 cm，圆柱形，有时基部近球状，中空，光滑至丝质纤毛，白色。菌环上位，悬垂，膜质，边缘全缘，白色。有不愉快气味。担孢子 4.8~6.7 μm × 3.2~3.9 μm，椭圆形。

| 生　　境 | 群生于阔叶林中地上。

| 引证标本 | GDGM88322，2022 年 5 月 16 日，采集于东莞市大岭山森林公园环湖绿道东段。

| 讨　　论 | 食毒不明。

伞菌

暗红鳞小蘑菇

Micropsalliota rufosquarrosa J. Q. Yan

| **形态特征** | 子实体小型。菌盖直径5~11 mm，初期钝圆锥凸形，后伸展呈平凸形，污白色至稍带褐色，边缘有条纹，中央有较密的暗红色至棕褐色平贴小鳞片，边缘有稀疏小鳞片。菌肉白色，伤后或老后变红褐色至暗褐色。菌褶离生，不等长，稀，具2片小菌褶，白色至亮褐色。菌柄长1.5~3.5 cm，直径0.5~2.5 mm，等粗，空心，纤维质，初期白色至淡黄色，后期变暗褐色。菌环上位，单环，边缘浅红色，易脱落。担孢子5.5~7.0 μm × 3~4 μm，椭圆形，光滑，褐色。

| **生　　境** | 群生或丛生于阔叶林中地上。

| **引证标本** | GDGM88407，2022年5月18日，采集于东莞市大岭山森林公园。

| **讨　　论** | 食毒不明。

变黄红小蘑菇

Micropsalliota xanthorubescens Heinem.

形态特征	菌盖直径4~9 cm，半球形至凸形，平展，表面干燥，纤维状至细鳞状，常被浅棕色覆盖，白底，鳞片贴伏至直立，中央密，边缘稀。菌肉白色，厚4~6 mm。菌褶离生，密，4~6片小菌褶，宽5~7 mm，白色或淡黄色、灰黄色、棕褐色、棕灰色至深色。菌柄长3.5~9.0 cm，直径0.5~1.0 cm，圆柱，中空，具基部菌丝，光滑或具细绒毛，基部偶有鳞片，白色。菌环直径8 mm，膜质，下垂，单环，上位，全缘，具条纹，白色。伤变黄色至红棕色。气味如海藻。担孢子5.5~6.9 μm × 3.8~4.2 μm。
生　　境	散生于草地。
引证标本	GDGM87327，2021年11月4日，采集于东莞市大岭山森林公园。
讨　　论	食毒不明。

伞菌

皮氏小菇

Mycena pearsoniana Dennis

| 形态特征 | 菌盖直径5~20 mm，半球形至钟形，无或有轻微的凹形，后变平、平凸，半透明条纹，湿，无毛，紫褐色至粉红色，后变淡褐色或黄褐色、淡紫色至完全粉红色，边缘同色或较浅色。菌肉薄，易碎，淡褐色。菌褶18~31片，微延生，宽至5 mm，下延具齿，初淡灰紫色或粉灰色，后带棕色至淡紫色，边缘凹至直。菌柄长2.5~9.0 cm，直径1~2.5 mm，中空，易碎至坚硬，下方等长或稍宽，下方直或弯曲，圆柱状，光滑，上部微柔毛，下部无毛，呈深紫色，略带棕黄色，后呈淡紫棕色至暗肉色，基部被稀疏、长、粗糙的白色菌丝。担孢子6~9 μm × 3.5~4.5 μm，光滑，非淀粉质。

| 生　　境 | 散生于草地上。

| 引证标本 | GDGM88436，2022年5月18日，采集于东莞市大岭山森林公园翠绿步径。

| 讨　　论 | 食毒不明。

薄肉近地伞

Parasola plicatilis (Curtis) Redhead, et al.

形态特征	菌盖直径1~3 cm，初期卵圆形，渐变为钟形，后期平展，淡灰色，中部稍下陷，带褐色，边缘放射状长条纹延至盖中央。菌肉薄，污白色。菌褶近离生，稀疏，灰色至灰黑色，薄，不自溶。菌柄长3~7 cm，直径1~2 mm，圆柱形，白色，光滑，细长，空心。担子25~35 μm × 11~13 μm。担孢子10~12 μm × 8~10 μm，近柠檬形，黑褐色至黑色，表面光滑。有锁状联合。
生　　境	单生或群生于草地、花圃中腐木屑或腐殖质上。
引证标本	GDGM87301，2021年11月4日，采集于东莞市大岭山森林公园。
讨　　论	食毒不明。

伞菌

巨大侧耳

***Pleurotus giganteus* (Berk.) Karun. & K. D. Hyde**

| 形态特征 | 子实体中到大型。菌盖直径5~18 cm，幼时近扁平，后渐呈漏斗形，淡黄色至淡黄褐色，常附有灰白色或灰黑色鳞片，边缘强烈内卷、伸展。菌褶延生，不等长，白色至淡黄色。菌柄长5~25 cm，直径0.6~2 cm，圆柱形，表面与菌盖同色，具绒毛，基部向下延伸呈假根状。担孢子6.5~10 μm × 5.5~7.5 μm，椭圆形，光滑，无色。
| 生　　境 | 夏秋季单生或丛生于常绿阔叶林地下腐木上。
| 引证标本 | GDGM94387，2024年5月9日，采集于东莞市大岭山森林公园山猪坑。
| 讨　　论 | 可食用，已人工栽培，商品名为猪肚菇。

肺形侧耳

Pleurotus pulmonarius (Fr.) Quél.

| **形态特征** | 菌盖直径 2.5~10 cm，半圆形、扇形、肾形、贝壳形、圆形，初期盖缘内卷，后渐平展，中部稍凹陷或呈微漏斗形，盖缘成熟时开裂成瓣状，灰白色或黄褐色，表面平滑。菌肉肉质，较硬，白色至乳白色。菌褶窄，延生至菌柄顶端，在菌柄处交织，中等密度或稍密，不等长。菌柄无或有，长 0.8~2.5 cm，直径 0.7~1.2 cm，偏生或侧生，实心，基部被绒毛。担孢子 7.5~10 μm × 3~5 μm，长椭圆形至椭圆形，具明显的尖突，光滑，无色，非淀粉质。

| **生　　境** | 春至秋季生于阔叶树枯木上。
| **引证标本** | GDGM87304，2021 年 11 月 4 日，采集于东莞市大岭山森林公园。
| **讨　　论** | 食用。

伞菌

狮黄光柄菇

Pluteus leoninus (Schaeff.) P. Kumm.

| 形态特征 | 菌盖直径3~5.5 cm，凸镜形至近平展形，中部稍凸起至有平缓的脐凸，近光滑，无毛，中部稍有辐射状皱纹，边缘有细条纹，略呈水浸状，鲜黄色或橙黄色，有光泽，中部较暗呈黄褐色。菌肉薄，脆，白色到黄白色。菌褶离生，密，稍宽，不等长，初期白色，后粉红色或肉色。菌柄长7~9 cm，直径7 mm，圆柱形，向下渐粗，有纵向纤维状条纹，偶有纤毛状小鳞片，表面黄白色，向下变浅褐色，稍膨大，有白色菌丝体。担孢子5~6.5 μm × 3.7~4.5 μm，宽椭圆形至近球形，光滑，淡粉红色至淡粉黄色。

| 生　　境 | 散生或丛生于阔叶林中地上的腐木上。
| 引证标本 | GDGM88432，2022年5月18日，采集于东莞市大岭山森林公园翠绿步径。
| 讨　　论 | 食毒不明。

裂盖光柄菇（参照种）

***Pluteus* cf. *diettrichii* Bres.**

| **形态特征** | 菌盖直径3~5 cm，浅灰色至浅褐色，边缘有长棱纹，菌幕残余粉末状，偶有疣状或絮状，灰色至褐灰色。菌肉白色。菌褶白色，较密。菌柄长5~8 cm，直径3~6 mm，近圆柱形或向上逐渐变细，白色，基部膨大呈近球形至卵形，上半部被有灰色至褐灰色粉末状菌幕残余。菌环无。担孢子6.5~8 μm × 5.5~7 μm，近球形至宽椭圆形，光滑，无色，非淀粉质。

生　　境 夏秋季生于林中地上。

引证标本 GDGM87321，2021年11月4日，采集于东莞市大岭山森林公园。

讨　　论 食毒不明。

伞菌

丁香假小孢伞

Pseudobaeospora lilacina X. D. Yu & S. Y. Wu

| 形态特征 | 子实体小型。菌盖钟形至平凸形，直径1.5~4 cm，黄褐色至灰褐色，光滑。菌褶弯生至离生，浅紫色至灰紫色，不等长，较疏。菌柄长2~4 cm，直径3~8 mm，近圆柱形，与盖同色，被黄褐色绒毛状鳞片。担孢子4.4~5.3 μm × 3.3~3.8 μm，近球形。
| 生　　境 | 散生或群生于林中地上。
| 引证标本 | GDGM94413，2024年5月10日，采集于东莞市大岭山森林公园山猪坑。
| 讨　　论 | 价值不明。

毛伏褶菌

Resupinatus trichotis (Pers.) Singer

| 形态特征 | 子实体常生于腐木下表面，背生或近侧生。菌盖直径3~5 mm，近圆形、半圆形至肾形或耳形，被粗绒毛，灰色至灰黑色。菌肉薄，凝胶状，暗褐色。菌褶从中心或偏心处的近基部着生点辐射长出，窄，中等密，淡灰色至灰黑褐色。菌柄着生于菌盖背部或侧背面，周围有明显绒毛。担孢子4~5.5 μm × 4~4.5 μm，球形或近球形，光滑，无色，非淀粉质。
| 生　　境 | 群生于阔叶林的腐木下侧表面。
| 引证标本 | GDGM87316，2021年11月4日，采集于东莞市大岭山森林公园。
| 讨　　论 | 食毒不明。

伞菌

变黄红菇

Russula flavescens Y. L. Chen & J. F. Liang

| 形态特征 | 菌盖直径6~15 cm，中央凹至近漏斗形，边缘略内卷，白色，常有土黄色的色斑，湿时稍黏。菌肉脆，白色。菌褶直生至贴生，甚密，盖缘处每厘米约30片，不等长，部分分叉，白色，成熟时或伤变乳黄色至土黄色，易碎。菌柄长2.5~5 cm，直径1.2~2.5 cm，中生至微偏生，白色。担孢子5.5~6.8 μm × 5~6 μm，宽椭圆形至近球形，具小刺，小刺间偶有连线，不形成网纹，无色，淀粉质。
| 生　　境 | 散生至群生于阔叶林、混交林或针叶林中地上。
| 引证标本 | GDGM88356，2022年5月17日，采集于东莞市大岭山森林公园白石山景区。
| 讨　　论 | 胃肠炎型毒蘑菇。分布于华中、华南、云南等地。广东分布有多个形态近似的物种，如日本红菇 *R. japonica*、长颈红菇 *R. longicollis*、短孢红菇 *R. brevispora*。

小红菇小变种

***Russula minutula* var. *minor* Z. S. Bi**

形态特征	菌盖直径0.8~2 cm，初凸镜形，后平展中凹，粉红色至红色，有时带紫红色，边缘白色至黄白色，湿时黏，有时具条纹和撕裂。菌肉厚达1.5 cm，白色，脆。菌褶宽1~3 mm，白色至黄白色，等长，有横脉，直生至短延生。菌柄长0.5~1.5 cm，直径4~7 mm，柱形，白色，空心。担孢子6~8 μm × 5~7 μm，近球形，有离生小刺，部分小刺较钝成小疣，无色至近无色，淀粉质。
生　　境	单生至散生于阔叶林或混交林中地上。
引证标本	GDGM91266，2023年4月27日，采集于东莞市大岭山森林公园。
讨　　论	食毒不明。分布于我国华南地区。

伞菌

黑盖红菇

Russula nigrocarpa S. Y. Zhou, et al.

| 形态特征 | 子实体中型。菌盖直径6~10 cm，平展至凹陷，干，深棕色至深黑色，边缘完整，略上翘。菌褶贴生或微延生，稀疏，不等长，菌褶表面污白色至奶油色或浅黄色，伤变深棕色，菌褶边缘同色。菌柄长3~5 cm，直径2.5~4 cm，中生，柱状，有时下部渐窄，实心，污白色，成熟后灰白色，伤变深棕色。菌肉白色，伤变黑色，近菌柄处厚6~8 mm。担子22~46.5 μm × 5~8 μm，棒状至柱状，1~4个孢子，担子小梗长1.8~6 μm。担孢子4.3~5.8 μm × 3.4~4.6 μm，近球形至椭圆形，表面纹饰由低的脊形成完整的网状结构，淀粉质。

| 生　　境 | 单生或群生于常绿阔叶林下。

| 引证标本 | GDGM94419，2024年5月10日，采集于东莞市大岭山森林公园山猪坑。

| 讨　　论 | 食毒不明。

点柄黄红菇

Russula punctipes Singer

| 形态特征 | 菌盖直径4~10 cm，初期近扁半球形至凸镜形，后期渐平展，平展后中部凹陷，边缘反卷，表面粗糙，具由小疣组成的明显粗条棱，赭黄褐色、污黄色至暗黄褐色，稍黏。菌肉浅黄色至暗黄色，具腥臭气味，味道辛辣。菌褶直生至稍延生，密，污白色至淡黄褐色，边缘具褐色斑点，等长或不等长。菌柄长5~9 cm，直径0.4~1 cm，上下等粗或向下渐细，有时呈近梭形，污黄色、暗褐色或肉桂褐色，具暗褐色小疣点，内部松软至空心，质地脆。担孢子8~10 μm × 7.5~9 μm，近球形至卵圆形，具明显刺棱，浅黄色，淀粉质。

- **生　　境**｜夏秋季单生或群生于针阔混交林中地上。
- **引证标本**｜GDGM88350，2022年5月17日，采集于东莞市大岭山森林公园白石山景区。
- **讨　　论**｜有毒，胃肠炎型毒蘑菇。分布于我国华中、华南等地。

伞菌

裂褶菌

***Schizophyllum commune* Fr.**

| 形态特征 | 菌盖直径5~20 mm，扇形，灰白色至黄棕色，被绒毛或粗毛，边缘内卷，常呈瓣状，有条纹。菌肉厚约1 mm，白色，韧，无味。菌褶白色至棕黄色，不等长，褶缘中部纵裂成深沟纹。菌柄常无。担孢子5~7 μm × 2~3.5 μm，椭圆形或腊肠形，光滑，无色，非淀粉质。
| 生　　境 | 散生至群生，常叠生于腐木或腐竹上。
| 引证标本 | GDGM87849，2022年2月25日，采集于东莞市大岭山森林公园林科园入口对面。
| 讨　　论 | 幼嫩时可食，药用。

间型鸡㙡

Termitomyces intermedius Har. Takah. & Taneyama

形态特征	菌盖直径6~10 cm，中央至边缘呈放射状纤毛细条纹，表面光滑，不黏或湿时微黏，中央尖凸部分颜色较暗，灰褐色至暗褐色，常略带粉红色色泽，边缘颜色比中央浅，淡灰褐色至灰白色或近白色，边缘初期稍内卷到下弯，后伸展，偶有辐射状撕裂。无菌幕，无菌环。菌肉厚达6 mm，白色，受伤后微粉红色或不变色，无明显气味。菌褶较密，白色至淡粉色，离生。菌柄长8~10 cm，直径8~10 mm，近圆柱状，向下增粗，中生，实心，纤维质，菌柄基部向地下延伸成假根，与白蚁巢相连，近圆柱形，地下部分向下逐渐变细，实心，表面多为浅色至带泥土的褐色。担孢子7~8 μm × 4~5 μm，呈椭圆形，表面光滑，无色透明。
生　　境	夏季群生于阔叶林中，有假根与白蚁巢相连。
引证标本	GDGM89772，2022年6月22日，采集于东莞市大岭山森林公园环湖步道南段。
讨　　论	食用。

伞菌

小果鸡㙡

Termitomyces microcarpus (Berk. & Broome) R. Heim

| **形态特征** | 菌盖直径1~2.5 cm，扁半球形至平展，白色至污白色，中央具有一颜色较深的圆钝突起，边缘常翘。菌肉白色。菌褶离生，白色至淡粉红色。菌柄长2~5 cm，直径2~4 mm。假根近圆柱状，白色至污白色。担孢子6.5~8 μm × 4.5~5.5 μm，椭圆形，光滑，无色，非淀粉质。

| **生　　境** | 夏季生于近地表或被破坏过的白蚁巢穴附近或路边。

| **引证标本** | GDGM89803，2022年6月23日，采集于东莞市大岭山森林公园大溪步道。

| **讨　　论** | 食用。分布于我国华南、华中等地。

雪白草菇

Volvariella nivea T. H. Li & Xiang L. Chen

| 形态特征 | 菌盖直径7~9 cm，初近圆锥形，后展开至凸镜形，纯白色，不黏，边缘完整，薄，无条纹。菌肉厚达5 mm，薄，白色，伤不变色。气味温和。菌褶宽5~7 mm，离生，较密，盖缘每厘米8~9片，幼时白色，成熟后变粉红色。菌柄长10~11.5 cm，直径0.7~0.8 cm，圆柱形，略带丝状条纹，白色。菌托肉质，苞状，白色。担孢子 6~7 μm × 4.5~5.5 μm，卵圆形至宽椭圆形，光滑，淡粉色。

| 生　　境 | 生于竹林或阔叶林中地上。
| 引证标本 | GDGM87303，2021年11月4日，采集于东莞市大岭山森林公园。
| 讨　　论 | 食用。

天蓝黄蘑菇

Xanthagaricus caeruleus Iqbal Hosen et al.

| **形态特征** | 子实体小型。菌盖直径1~1.5 cm，近圆锥形至半球形，淡紫色至紫罗兰色，被紫色到深紫毡毛状鳞片，边缘弯曲，稍有菌幕残余。菌肉薄，白色，伤后变为浅蓝色或灰蓝色。菌褶离生，不等长，幼时灰白色，后渐变为浅蓝色、灰蓝色、墨蓝色。菌柄长2.2~3.5 cm，直径1.5~2 mm，圆柱形，中生，稍弯曲，淡黄白色，被浅灰蓝色或浅灰褐色的纤维状或棉絮状鳞片，基部白色菌丝。担孢子5~6 μm × 3~3.5 μm，椭圆形至宽椭圆形，灰绿色至灰蓝色，淀粉质。

| **生　　境** | 夏季单生或散生于地面上。

| **引证标本** | GDGM87330，2021年11月4日，采集于东莞市大岭山森林公园。

| **讨　　论** | 食毒不明。

牛肝菌

牛肝菌

疣柄似粉孢牛肝菌

Abtylopilus scabrosus Yan C. Li & Zhu L. Yang

| 形态特征 | 菌盖直径3~5 cm，扁半球形，灰褐色，绒质。菌孔污白色，浅黄色至土红色，伤变红褐色。菌肉浅黄色，伤变红褐色。菌柄长2.5~4.5 cm，直径1~1.5 cm，表面具条纹，褐色，伤变红色。担孢子9~11 μm × 4~5 μm，光滑，椭圆形，无色。

| 生　　境 | 夏秋季生于阔叶林中地上。

| 引证标本 | GDGM89792，2022年6月24日，采集于东莞市大岭山森林公园灯心塘保护区。

| 讨　　论 | 食毒不明。

黑紫黑孢牛肝菌

***Anthracoporus nigropurpureus* (Hongo) Yan C. Li & Zhu L. Yang**

| 形态特征 | 菌盖直径2~10 cm，半球形至平展，黑褐色至紫黑色，干，具微绒毛，常有细裂纹，边缘初期内卷，后平展。菌肉白色至灰色，伤后变粉红色，后变紫灰色、紫黑色至黑色，有苦味。菌管长5~15 mm，直生至离生，近白色至带粉黄白色。孔口初期与菌管颜色相近，后带黑褐色或紫黑色。菌管与孔口伤变色同菌肉。菌柄长6~9 cm，直径1~2.5 cm，圆柱形，与盖同色，具有粉灰褐色细小的绒毛状腺点，具明显的黑色网纹。担孢子9~11 μm × 4~5 μm，光滑，长椭圆形，近无色至淡粉红色。

| 生　　境 | 单生或散生于壳斗科等植物林中地上。
| 引证标本 | GDGM89799，2022年6月23日，采集于东莞市大岭山森林公园大溪步道。
| 讨　　论 | 食毒不明。分布于我国华南地区。

牛肝菌

东方褐盖金牛肝菌

Aureoboletus sinobadius Ming Zhang & T. H. Li

| 形态特征 | 子实体中至大。菌盖直径5~19 cm，半球状至平展，肉质，幼时或湿时黏，无毛或微绒毛，微皱，紫棕色至深红色、棕红色。菌管深8~15 mm，浅黄色至黄绿色，伤不变色。菌孔小，每毫米1~1.5个，圆形至角形，通常在菌柄处下凹，伤不变色，孔口与菌管同色。菌柄长4.0~8.0 cm，直径5~9 mm，中生，柱状至棒状，底部微膨大，光滑，湿时黏，红色伴有浅黄色的纤毛，菌柄菌肉白色至黄白色，伤变微变灰红色，基部菌丝白色。味咸。担孢子10~14 μm × 4~5.5 μm，椭圆形至近棒状，光滑。

| 生　　境 | 单生或散生于地上，与壳斗科植物黧蒴锥 *Castanopsis fissa* 共生。

| 引证标本 | GDGM88433，2022年5月18日，采集于东莞市大岭山森林公园翠绿步径。

| 讨　　论 | 食毒不明。

青木氏小绒盖牛肝菌

Parvixerocomus aokii (Hongo) G. Wu, et al.

| 形态特征 | 子实体小型。菌盖直径1~2.5 cm，凸镜形至近平展，红色至紫红色，干，具绒毛。菌肉淡黄色，伤后变蓝。菌管近柄处凹陷，淡黄色至橄榄绿色。孔口多角形，与菌管同色，伤后变蓝。菌柄长1.5~3 cm，直径2~3 mm，圆柱形，表面淡橙红色至淡紫红色，具不明显的条纹或麸糠状颗粒。担孢子8~12 μm × 3.5~5.5 μm，椭圆形至近棒状，光滑，淡棕色。
| 生　　境 | 夏秋季单生或散生于阔叶林中地上。
| 引证标本 | GDGM88385，2022年5月18日，采集于东莞市大岭山森林公园翠绿步径。
| 讨　　论 | 食毒不明。该种的典型特征是子实体较小，菌盖紫红色，伤变蓝黑，菌管黄绿色，伤后变蓝。

牛肝菌

牛肝菌

美丽褶孔牛肝菌

Phylloporus bellus (Massee) Corner

| 形态特征 | 菌盖直径 4~6 cm，扁平至平展，被黄褐色至红褐色绒状鳞片。菌肉米色至淡黄色，伤不变色或稍变蓝色。菌褶延生，稍稀，黄色，伤后变蓝色。菌柄长 3~7 cm，直径 5~7 mm，圆柱形，被绒毛，黄褐色至红褐色，基部有白色菌丝体。担孢子 9~12 μm × 4~5 μm，长椭圆形至近梭形，光滑，青黄色。
| 生　　境 | 生于针阔混交林中地上。
| 引证标本 | GDGM89802，2022 年 6 月 24 日，采集于东莞市大岭山森林公园。
| 讨　　论 | 食用。

阔裂松塔牛肝菌

***Strobilomyces latirimosus* J. Z. Ying**

形态特征	子实体中型。菌盖直径7~9 cm，初半球形，后扁半球形至近平展，污白色至淡灰色，被黑灰色至近黑色绒状近平伏的鳞片，伤后变黑褐色，常龟裂，露出白色菌肉，初期边缘垂悬有近黑色的菌幕残余。菌肉白色至污白色或淡灰色，伤后变红褐色至淡橘红色，之后变黑灰色。菌柄长4~10 cm，直径0.6~1.3 cm，圆柱形，上部密被淡灰色至灰白色绒毛，下部被近黑色绒状鳞片，顶部网纹明显。担孢子7.4~8.4 μm × 6.9~7.7 μm，近球形。
生　　境	夏秋季生于阔叶林中地上。
引证标本	GDGM91221，2023年4月26日，采集于东莞市大岭山森林公园。
讨　　论	食毒不明。

牛肝菌

淡紫粉孢牛肝菌

Tylopilus griseipurpureus (Corner) E. Horak

| 形态特征 | 子实体中型。菌盖直径3~6 cm，幼时半球形，表面覆盖着灰黑色短绒毛，成熟后凸镜形，浅紫色至灰紫色。菌肉较厚，白色，幼时较紧实，老后变柔软，伤不变色。菌管细小而坚硬，每毫米3个，由苍白色变为粉红色至浅棕色，卵圆形。菌柄长5~6 cm，直径1~2 cm，紫色至紫红色，圆柱状至棍棒状，基部粗大，表面粗糙，有时顶端具淡褐色网纹。担孢子9.5~10.5 μm × 3~4.5 μm，圆柱状，淡褐色，表面光滑。

| 生　　境 | 夏秋季单生或群生于阔叶林地上。

| 引证标本 | GDGM89792，2022年6月23日，采集于东莞市大岭山森林公园灯心塘保护区。

| 讨　　论 | 食毒不明。

大津粉孢牛肝菌

Tylopilus otsuensis Hongo

| 形态特征 | 子实体中型至较大。菌盖直径3~9 cm，扁半球形至扁平，表面棕绿色至灰绿色，被有褐色绒毛。菌肉白色，伤不变色，致密，脆嫩。子实层表面污白色变污黄色，管口小，近圆形。菌柄长6~8 cm，直径1~2.5 cm，圆柱形，幼时粗壮且下部膨大，与盖同色，被有密集网纹，基部有白绒毛，内部实心。担孢子5.6~6.5 μm × 3.9~5.0 μm，椭圆形。
| 生　　境 | 散生于混交林中地上。
| 引证标本 | GDGM94385，2024年5月9日，采集于东莞市大岭山森林公园山猪坑。
| 讨　　论 | 食毒不明。

牛肝菌

孔褶绒盖牛肝菌

Xerocomus porophyllus T. H. Li, et al.

形态特征	菌盖直径5~8 cm，肉质，凸圆形，后平展至边缘外卷，表面干，平滑，略被编织状绒毛至皮屑，常见隐约细小裂缝，浅灰色至暗红色。菌柄端菌肉厚5~20 mm，白色至米色，偶有浅粉色，伤不变色，气味和味道温和。子实层体厚2~5 mm，浅黄褐色，向下延生，菌褶分布在菌柄附近，高度融合，在菌盖边缘趋于孔状或蜂窝状，48~76片，盖缘小孔孔径1.5~3 mm。菌柄圆柱形，长33~45 mm，上端直径5~15 mm，基部变细，干，浅黄色至淡黄色，中空，有白色菌丝体。菌柄菌肉白色，暴露在空气中不变色或变淡桃红色。担子28~34 μm × 8~11 μm，棍棒状，2~4孢，透明，孢子小梗长2~8 μm。担孢子5.5~12.8 μm × 4~7 μm，椭圆形，光滑。无锁状联合。
生　　境	单生或丛生于松科植物和其他阔叶树组成的混交林中或山茶科植物下的土地上。
引证标本	GDGM 94399，2024年5月10日，采集于东莞市大岭山森林公园山猪坑。
讨　　论	食毒不明。

腹菌

腹菌

爪哇地星

***Geastrum javanicum* Lév.**

| 形态特征 | 子实体直径1.8~5.0 cm，基部有浅色的菌索和菌丝簇。外包被深囊状，常在1/3处开裂，形成4~7个裂瓣，各瓣宽0.6~2.0 cm，渐窄且前端钝，裂瓣平伸，端部多向外反卷，有时垂直向上伸展。内包被直径1.0~3.0 cm，近球形、扁球形，浅沙土色至肉色，较平滑，顶部具矮圆锥状突起，基部无柄，无囊托。担孢子3.0~4.5 μm，球形、近球形，表面具微疣突，少数柱突，高0.5~0.6 μm。孢丝直径2.0~6.5 μm，不分枝，浅黄色至棕色，表面有残片，密布颗粒状小突起。

| 生　　境 | 生于混交林地或沙地上。

| 引证标本 | GDGM89657，2022年7月22日，采集于东莞市大岭山森林公园大板水库。

| 讨　　论 | 药用，止血，解毒。

变紫马勃（参照种）

Lycoperdon cf. *purpurascens* Berk. & M. A. Curtis

| 形态特征 | 子实体直径12~16 mm，高8~12 mm，近球形到凹陷球形，外包被深灰棕色至黑紫灰色，基部棕色。内包被具麻点，软，纸状，芥末黄。包体棉絮状，白色至深棕色，成熟后成粉末。担孢子3.5~4 μm，球状，无饰物，有油滴，具微刺，刺高0.5 μm。
| 生　　境 | 生于落叶植物腐烂的木头上，以栲属植物 *Castanopsis* spp. 为主。
| 引证标本 | GDGM87347，2021年11月5日，采集于东莞市大岭山森林公园林科园。
| 讨　　论 | 药用。

腹菌

彩色豆马勃

Pisolithus arhizus (Scop.) Rauschert

| 形态特征 | 子实体直径3.5~16 cm，不规则球形至扁球形或倒卵圆形，下部明显缩小成菌柄。外包被薄，易碎，光滑，表面初期米黄色，后变褐色至锈褐色、青褐色，成熟后上部片状脱落。孢体有彩色豆状物。菌柄长达5.5 cm，直径达3 cm，由一团青黄色的根状菌索固定于附着物上。担孢子7.5~9.5 μm，球形，密布小刺，褐色。
| 生　　境 | 夏秋季单生或群生于松树等林中沙地或草地上。
| 引证标本 | GDGM87860，2022年2月27日，采集于东莞市大岭山森林公园林科园入口对面。
| 讨　　论 | 药用。

黄硬皮马勃

Scleroderma flavidum Ellis & Everh.

形态特征	子实体直径4~9 cm，扁圆球形至近球形，无菌柄或有柄状基部。外包被新鲜时黄色至佛手黄色或杏黄色，后渐为黄褐色至灰青黄色，具深褐色至黑褐色的小斑片或小鳞片，成熟时呈不规则开裂。包被切面及内表面黄色至鲜佛手黄色。孢体灰褐色或紫灰色，后变暗棕灰色至灰褐色或紫黑色。担孢子5.8~7 μm × 5.6~6.9 μm (含小刺宽为7~10 μm)，球形至近球形，黄褐色至暗褐色，厚壁，非淀粉质，不嗜蓝。
生　　境	夏秋季群生或单生于阔叶林或针阔混交林中地上。
引证标本	GDGM87288，2021年11月3日，采集于东莞市大岭山森林公园。
讨　　论	药用，消炎。

腹菌

光硬皮马勃

Scleroderma cepa Pers.

| 形态特征 | 子实体未开裂时直径4~8 cm，近球形，扁球形，基部往往以白色根状菌索固定于基物上。初浅黄白色，后浅土黄色至土黄褐色，部分干燥的表皮近灰白色，粗糙，常有龟裂纹或斑状鳞片，成熟时呈星状开裂，裂片反卷。包被厚且较坚硬，似革质，伤后变淡粉红色至粉红褐色或淡褐色。孢体成熟后暗褐色至黑褐色。担孢子8~12 μm（包括小刺），球形至近球形，具小疣刺，褐色。

| 生　　境 | 夏秋季单生或群生于林间空旷地或草丛中。

| 引证标本 | GDGM87310，2021年11月3日，采集于东莞市大岭山森林公园。

| 讨　　论 | 食毒不明。

黏 菌[*]

[*]按照现代分类系统,黏菌并不属于真菌界,而属于原生动物界。然而由于其外形和生境与真菌有诸多相似之处,传统上都是菌物学研究的范围,所以笔者将它们列入本书供读者参考。

暗红团网菌

Arcyria denudata (L.) Wettst.

| **形态特征** | 孢囊高1.5~6 mm，直径0.5~1 mm，有柄，卵圆形或短圆柱形，向上渐细，深玫红色至砖红色，最后变为红褐色。囊被早脱落，杯托深杯状，有皱褶，内侧有细网纹及小刺。菌柄长0.5~1.5 mm，直径0.1 mm，有槽，与孢囊同色或近黑色。孢丝网体与杯托连着牢固，直立，有弹性，红褐色或暗黄色，主要有具刺的宽齿平行螺旋排列，其间有疣，基部孢丝近光滑。孢子6~7.5 μm，球形，近无色或淡红色，成堆时红色或红褐色，密生小疣点。原生质团乳白色。

生　　境 | 集群生于死木上。

引证标本 | 照片号IMG2671~2674，2022年6月24日，采集于东莞市大岭山珍稀植物园环湖路南段。

讨　　论 | 食毒不明。各区均有分布。

锈发网菌

***Stemonitis axifera* (Bull.) T. Macbr.**

形态特征	菌体有共同的基质层，许多个孢囊从基质层上长出。孢囊及菌柄总高7~20 mm，直径1~1.5 mm，丛生成小簇，可连成一大片。孢囊长圆柱形，顶端稍尖，鲜锈褐色至暗锈褐色。菌柄高3~7 mm，近黑色或暗褐色，有光泽。囊轴向上渐细，在囊顶下分散连接孢丝。孢丝褐色，分枝并连接成中等密度的网体。孢丝网细密，网孔多角形，宽5~20 μm，光滑平整，浅色，持久宿存。孢子4~7.5 μm，球形或近球形，有微小疣点，淡锈褐色，成堆时锈褐色至红褐色。
生　　境	生于阔叶林上。
引证标本	照片号IMG2843~2847，2022年6月23日，采集于东莞市大岭山森林公园灯心塘保护区。
讨　　论	食毒不明。

参考文献

陈作红, 杨祝良, 图力古尔, 等, 2016. 毒蘑菇识别与中毒防治 [M]. 北京: 科学出版社.

陈作红, 张平, 2019. 湖南大型真菌图鉴 [M]. 长沙: 湖南师范大学出版社.

戴玉成, 周丽伟, 杨祝良, 等, 2010. 中国食用菌名录 [J]. 菌物学报, 29(1): 1-21.

邓叔群, 1963. 中国的真菌 [M]. 北京: 科学出版社.

邓旺秋, 张明, 钟祥荣, 2020. 中国南海岛屿大型真菌图鉴 [M]. 广州: 广东科技出版社.

李泰辉, 蒋谦才, 邢佳慧, 等, 2020. 中山市大型真菌图鉴 [M]. 广州: 广东科技出版社.

李玉, 李泰辉, 杨祝良, 等, 2015. 中国大型菌物资源图鉴 [M]. 郑州: 中原农民出版社.

李振基, 吴小平, 陈小麟, 等, 2009. 江西九岭山自然保护区综合科学考察报告 [M]. 北京: 科学出版社.

廖文波, 王蕾, 王英永, 等, 2018. 湖南桃源洞国家级自然保护区生物多样性综合科学考察 [M]. 北京: 科学出版社.

刘小明, 郭英荣, 刘仁林, 2010. 江西齐云山自然保护区综合科学考察集 [M]. 北京: 中国林业出版社.

宋斌, 邓旺秋, 张明, 等, 2018. 南岭大型真菌多样性 [J]. 热带地理, 38(3): 312-320.

图力古尔, 包海鹰, 李玉, 2014. 中国毒蘑菇名录 [J]. 菌物学报, 33(3): 517-548.

图力古尔, 李玉, 2000. 大青沟自然保护区大型真菌区系多样性的研究 [J]. 生物多样性, 8(1): 73-80.

吴兴亮, 卯晓岚, 图力古尔, 等, 2013. 中国药用真菌 [M]. 北京: 科学出版社.

吴征镒, 1980. 中国植被 [M]. 北京: 科学出版社.

杨祝良, 臧穆, 2003. 中国南部高等真菌的热带亲缘 [J]. 云南植物研究, 25(2): 129-144.

曾念开, 蒋帅, 2020. 海南鹦哥岭大型真菌图鉴 [M]. 海口: 南海出版公司.

张明, 邓旺秋, 李泰辉, 等, 2023. 罗霄山脉大型真菌编目与图鉴 [M]. 北京: 科学出版社.

郑儒永, 魏江春, 胡鸿钧, 等, 1990. 孢子植物名词及名称 [M]. 北京: 科学出版社.

中国科学院微生物研究所, 1976. 真菌名词及名称 [M]. 北京: 科学出版社.

Antonín V, Ďuriška O, Gafforov Y, et al., 2017. Molecular phylogenetics and taxonomy in *Melanoleuca exscissa* group (Tricholomataceae, Basidiomycota) and the description of *M. griseobrunnea* sp. nov[J]. Plant Systematics and Evolution, 303: 1181-1198.

Antonín V, Ryoo R, Shin H D, 2010. Two new marasmielloid fungi widely distributed in the Republic of Korea[J]. Mycotaxon, 112(1), 189-199.

Antonín V, Ryoo R, Shin H D, 2012. Marasmioid and gymnopoid fungi of the Republic of Korea. 4. *Marasmius* sect. Sicci[J]. Mycological Progress, 11: 615-638.

Berkeley M J, Broome C E, 1875. Enumeration of the Fungi of Ceylon. Part II[J]. Journal of the Linnean Society, Botany, 14: 29-140.

Breitenbach J, Kränzlin F, 1984. Fungi of Switzerland. Volume 1: Ascomycetes[M]. Verlag Mykologia: Luzern,

Switzerland.

Cao B, He M Q, Ling Z L, et al., 2021. A revision of *Agaricus* section *Arvenses* with nine new species from China[J]. Mycologia, 113(1): 191-211.

Clémençon H, Hongo T, 1994. Notes on three Japanese Agaricales[J]. Mycoscience, 35: 21-27.

Corner E J H, 1950. A Monograph of *Clavaria* and Allied Genera[M]. Cambridge, UK: Cambridge University Press.

Crous P W, Wingfield M J, Guarro J, et al., 2015. Fungal Planet description sheets: 320-370[J]. Persoonia, 34: 167-266.

Dai Y C, 2010. Hymenochaetaceae (Basidiomycota) in China[J]. Fungal diversity, 45: 131-343.

Deneyer Y, Moreau P A, Wuilbaut J J, 2002. *Gymnopilus igniculus* sp. nov, nouvelle espèce muscicole des terrils de charbonnage[J]. Documents Mycologiques, 32(125): 11-16.

Fan L F, Alvarenga R L M, Gibertoni T B, et al., 2021. Four new species in the *Tremella fibulifera* complex(Tremellales, Basidiomycota)[J]. MycoKeys, 82: 33-56.

Gelardi M, Vizzini A, Ercole E, et al., 2015. Circumscription and taxonomic arrangement of *Nigroboletus roseonigrescens* gen. et sp. nov, a new member of Boletaceae from tropical south-eastern China[J]. Plos One, 2015, 10(8).

González F S M, Rogers J D, 1989. A preliminary account of *Xylaria* of Mexico[J]. Mycotaxon, 34 (2): 283-373.

Honan A H, Desjardin D E, Perry B A, at al. 2015. Towards a better understanding of *Tetrapyrgos* (Basidiomycota, Agaricales): new species, type studies, and phylogenetic inferences[J]. Phytotaxa, 231: 101-132.

Hongo T, 1966. Notes on Japanese larger fungi (18)[J]. Journal of Japanese Botany, 41: 165-172.

Kasuya T, 2008. *Phallus luteus* comb. nov, a new taxonomic treatment of a tropical phalloid fungus[J]. Mycotaxon, 106: 7-13.

Li H J, Cui B K, 2010. A new *Trametes* species from southwest China[J]. Mycotaxon, 113: 263-267.

Li T H, Chen X L, Shen Y H, et al., 2009. A white species of *Volvariella*(Basidiomycota, Agaricales) from southern China[J]. Mycotaxon, 109: 255-262.

Li T H, Song B, Shen Y H, 2002. A new species of *Tylopilus* from Guangdong[J]. Mycosystema, 21(1): 3-5.

Liu D, Wang X Y, Wang L S, et al., 2019. *Sulzbacheromyces sinensis*, an unexpected basidiolichen, was newly discovered from Korean Peninsula and Philippines, with a phylogenetic reconstruction of genus Sulzbacheromyces[J]. Mycobiology, 47(2): 191-199.

May T W, Wood A E, 1995. Nomenclatural notes on Australian macrofungi[J]. Mycotaxon, 54: 147-150.

Morgan A P, 1895. New North American fungi. Journal of the Cincinnati Society of Natural History. 18: 36-45.

Petch T, 1937. Notes on entomogenous fungi[J]. Transactions of the British Mycological Society, 21(1-2): 34-67.

Rebriev Y A, 2013. *Calvatia holothuria* sp. nov. from Vietnam[J]. Mikologiya i Fitopatologiya, 47(1): 21-23.

Redhead S A, Vilgalys R, Moncalvo J-M, et al., 2001. *Coprinus persoon* and the disposition of *Coprinus* species sensu lato[J]. Taxon, 50(1): 203-241.

Rees B J, Midgley D J, Marchant A, et al., 2013. Morphological and molecular data for Australian Hebeloma species do not support the generic status of *Anamika*[J]. Mycologia, 105(4): 1043-1058.

Rogers J D, 1983. *Xylaria bulbosa*, *Xylaria curta*, and *Xylaria longipes* in Continental United States[J].

Mycologia, 75(3): 457-67.

Shen Y H, Deng W Q, Li T Hl, et al., 2013. A small cyathiform new species of *Clitopilus* from Guangdong, China[J]. Mycosystema, 32(5): 781-784.

Shiryaev A G, 2006. Clavarioid fungi of urals. III. Arctic zone[J]. Mikologiya i Fitopatologiya, 40 (4): 294-306.

Spirin V, Malysheva V, Yurkov A, et al., 2018. Studies in the *Phaeotremella foliacea* group (Tremellomycetes, Basidiomycota)[J]. Mycological Progress, 17(4): 451-466.

Sun Y F, Costa-Rezende D H, Xing J H, et al., 2020. Multi-gene phylogeny and taxonomy of *Amauroderma* s.lat. (Ganodermataceae)[J]. Persoonia, 44: 206-239.

Sung G H, Hywel-Jones N L, Sung J M, et al., 2007. Phylogenetic classification of Cordyceps and the clavicipitaceous fungi[J]. Studies in Mycology. 57: 5-59.

Wang C Q, Li T H, Zhang M, et al., 2014. A new species of *Hygrocybe* subsect. *Squamulosae* from South China[J]. Mycoscience, 2015, 56(3): 345-349.

Wang C Q, Zhang M, Li T H, 2018. *Neohygrocybe griseonigra* (Hygrophoraceae, Agaricales), a new species from subtropical China[J]. Phytotaxa. 350 (1): 064-070.

Wang C Q, Zhang M, Li T H, 2020. Three new species from Guangdong Province of China, and a molecular assessment of Hygrocybe subsection Hygrocybe[J]. MycoKeys, 75: 145-161.

Wang X H, Das K, Bera I, et al., 2019. Fungal Biodiversity Profiles 81-90[J]. Cryptogamie Mycologie, 40(5): 57-95.

Watling R, 1998. *Heinemannomyces*, a new lazuline-spored agaric genus from South East Asia[J]. Belgian Journal of Botany, 131(2): 133-138.

Watling R, Sims K P, 2004. Taxonomic and floristic notes on some larger Malaysian fungi. IV (Scleroderma)[J]. Memoirs of the New York Botanical Garden, 89: 93-96.

Wilson A W, Desjardin D E, Horak E, 2004. Agaricales of Indonesia. 5[J]. The genus *Gymnopus* from Java and Bali. Sydowia, 56(1): 137-210.

Wu F, Zhou L W, Yang Z L, et al., 2019. Resource diversity of Chinese macrofungi: edible, medicinal and poisonous species[J]. Fungal Diversity, 98: 1-76.

Wu S Y, Li J J, Zhang M, et al., 2017. *Pseudobaeospora lilacina* sp. nov, the first report of the genus from China[J]. Mycotaxon, 132 327-335.

Yang Z L, Li T H, 2001. Notes on three white Amanitae of section Phalloideae (Amanitaceae) from China[J]. Mycotaxon, 78: 439-448.

Yao Y J, Spooner B M, 1995. Notes on British taxa referred to *Aleuria*[J]. Mycological Research, 99 (12): 1515-1518.

Zeng N Kai, Zhang M, Liang Z Q, 2015. A new species and a new combination in the genus *Aureoboletus* (Boletales, Boletaceae) from southern China[J]. Phytotaxa, 222 (2): 129-137.

Zhang M, Li T H, 2018. *Erythrophylloporus* (Boletaceae, Boletales), a new genus inferred from morphological and molecular data from subtropical and tropical China[J]. Mycosystema, 37(9): 1111-1126.

Zhang M, Li T H, Wang C Q, et al., 2019. Phylogenetic overview of *Aureoboletus* (Boletaceae, Boletales), with descriptions of six new species from China[J]. Mycokeys, 61: 111-145.

Zhang M, Wang C Q, Li T H, 2019. Two new agaricoid species of the family Clavariaceae (Agaricales, Basidiomycota) from China, representing two newly recorded genera to the country[J]. MycoKeys, 57: 85-100.

Zhang M, Wang C Q, Li T H, et al., 2015. A new species of *Chalciporus* (Boletaceae, Boletales) with strongly radially arranged pores[J]. Mycoscience, 57: 20-25.

Zhang P, Chen Z H, Xiao B, et al., 2010. Lethal amanitas of East Asia characterized by morphological and molecular data[J]. Fungal diversity, 42: 119-133.

Zhang W M, Li T H, Bi Z S, et al., 1994. Taxonomic studies on the genus *Entoloma* from Hainan Province of China[J]. Acta Mycologica Sinica, 13(3): 188-198.

Zhao R L, Desjardin D E, Soytong K, et al., 2010. A monograph of *Micropsalliota* in Northern Thailand based on morphological and molecular data[J]. Fungal diversity, 45: 33-79.

Zhou J L, Cui B K, 2017. Phylogeny and taxonomy of *Favolus* (Basidiomycota)[J]. Mycologia, 109(5): 766-779.

Zhuang W Y, Korf R P, 1989. Some new species and new records of Discomycetes in China. III[J]. Mycotaxon, 35(2): 297-312.

Zhuang W Y, Luo J, Zhao P, 2011. Two new species of *Acervus* (Pezizales) with a key to species of the genus[J]. Mycologia, 103 (2): 400-406.

中文名索引

A

阿帕锥盖伞 ……………………… 82
暗红鳞小蘑菇 …………………… 124
暗红团网菌 ……………………… 160

B

白垩白鬼伞 ……………………… 110
白黄乳菇 ………………………… 107
白囊耙齿菌 ……………………… 40
白脐凸蘑菇 ……………………… 58
白栓菌 …………………………… 27
白丝小蘑菇 ……………………… 120
白小鬼伞 ………………………… 86
白赭多年卧孔菌 ………………… 54
半焦微皮伞 ……………………… 114
薄蜂窝孔菌 ……………………… 38
薄肉近地伞 ……………………… 127
变黄红菇 ………………………… 134
变黄红小蘑菇 …………………… 125
变紫马勃（参照种）…………… 155
宾加蘑菇 ………………………… 60
柄杯菌属种类 …………………… 47
伯特路小皮伞 …………………… 115

C

彩色豆马勃 ……………………… 156
残托鹅膏有环变型 ……………… 76
草鸡枞鹅膏 ……………………… 65
潮润布氏多孔菌 ………………… 28
长柄蘑菇 ………………………… 62
长根小奥德蘑 …………………… 102

橙褐裸伞 ………………………… 98
橙红二头孢盘菌 ………………… 10
橙黄银耳 ………………………… 21
齿菌 ……………………………… 26
臭裸脚伞 ………………………… 100
丛生垂幕菇（参照种）………… 103
丛生粉褶蕈 ……………………… 91
脆珊瑚菌 ………………………… 23

D

大白齿菌 ………………………… 39
大变红小蘑菇 …………………… 123
大果鹅膏 ………………………… 70
大津粉孢牛肝菌 ………………… 151
淡紫粉孢牛肝菌 ………………… 150
点柄黄红菇 ……………………… 137
丁香假小孢伞 …………………… 132
东方褐盖金牛肝菌 ……………… 146
毒蝇歧盖伞 ……………………… 104
短小多孔菌 ……………………… 46
多孔菌 …………………………… 26

E

蛾蛹虫草（无性型）…………… 8

F

番红花蘑菇 ……………………… 61
肺形侧耳 ………………………… 129
分隔棱孔菌 ……………………… 32
蜂窝新棱孔菌（参照种）……… 43
腹菌 ……………………………… 153

G

草菌 ……………………………… 26
格纹鹅膏 ………………………… 69
沟纹粉褶蕈 ……………………… 95
古巴炭角菌 ……………………… 14
冠状环柄菇 ……………………… 108
光盖蜂窝孔菌 …………………… 37
光硬皮马勃 ……………………… 158
桂花耳 …………………………… 19

H

黑柄炭角菌 ……………………… 15
黑顶蘑菇 ………………………… 59
黑盖红菇 ………………………… 136
黑轮层炭壳 ……………………… 9
黑紫黑孢牛肝菌 ………………… 145
红贝俄氏孔菌 …………………… 30
红盖小皮伞 ……………………… 116
红蜡蘑 …………………………… 106
花脸香蘑 ………………………… 84
华丽海氏菇 ……………………… 101
黄盖堪多小脆柄菇 ……………… 80
黄褐小孔菌 ……………………… 44
黄绿鸡油菌 ……………………… 56
黄硬皮马勃 ……………………… 157

J

家园小鬼伞（参照种）………… 87
假褐云斑鹅膏 …………………… 73
假小疣盾盘菌 …………………… 12
假芝 ……………………………… 51

166　东莞市大岭山森林公园大型真菌图鉴

间型鸡㙡 ……………… 139	**O**	**W**
江西线虫草 ……………… 11	欧氏鹅膏 ……………… 71	魏氏集毛孔菌 ……………… 29
胶质菌 ……………… 16		
近江粉褶草 ……………… 93	**P**	**X**
晶粒小鬼伞 ……………… 88	佩奇粉褶草 ……………… 94	细柄棒束孢 ……………… 8
巨大侧耳 ……………… 128	皮氏小菇 ……………… 126	纤毛草耳 ……………… 45
橘鳞白环蘑 ……………… 109	平田头菇 ……………… 63	小孢盘菌 ……………… 6
菌核多孔菌 ……………… 49		小果鸡㙡 ……………… 140
	Q	小红菇小变种 ……………… 135
K	谦逊兰氏迷孔菌 ……………… 50	小红蜡蘑 ……………… 105
糠鳞杆柄鹅膏 ……………… 68	浅黄绒皮粉褶草 ……………… 92	小托柄鹅膏 ……………… 67
糠鳞小蘑菇 ……………… 121	翘鳞香菇 ……………… 42	锈发网菌 ……………… 161
孔褶绒盖牛肝菌 ……………… 152	青木氏小绒盖牛肝菌 ……………… 147	雪白草菇 ……………… 141
阔裂松塔牛肝菌 ……………… 149	球囊小蘑菇（参照种） ……………… 122	血红密孔菌 ……………… 31
L	**R**	**Y**
喇叭状粉褶菌 ……………… 96	热带灵芝 ……………… 35	亚球基鹅膏 ……………… 75
蓝鳞粉褶草 ……………… 90	热带紫褐裸伞 ……………… 99	易碎白鬼伞 ……………… 111
栗柄锁瑚菌（参照种） ……………… 24	绒柄裸脚伞 ……………… 85	银耳 ……………… 20
裂盖光柄菇（参照种） ……………… 131	绒毡鹅膏 ……………… 77	疣柄似粉孢牛肝菌 ……………… 144
裂褶菌 ……………… 138		云芝 ……………… 53
灵芝 ……………… 34	**S**	
漏斗香菇 ……………… 41	三河多孔菌 ……………… 48	**Z**
卵孢鹅膏 ……………… 72	伞菌 ……………… 57	窄孢胶陀盘菌 ……………… 13
洛巴伊大口蘑 ……………… 112	珊瑚菌 ……………… 22	爪哇地星 ……………… 154
	狮黄光柄菇 ……………… 130	致命鹅膏 ……………… 66
M	树生微皮伞 ……………… 113	中国胶角耳 ……………… 18
毛伏褶菌 ……………… 133	素贴山小皮伞 ……………… 119	中华丽柱衣 ……………… 25
毛木耳 ……………… 17	粟粒皮秃马勃 ……………… 79	皱波斜盖伞 ……………… 81
美丽褶孔牛肝菌 ……………… 148		竹生干腐菌 ……………… 52
茉莉香小皮伞 ……………… 117	**T**	柱形虫草 ……………… 7
莫氏锥盖伞 ……………… 83	炭球菌 ……………… 9	锥鳞白鹅膏 ……………… 78
	糖圆齿菌 ……………… 36	子囊菌 ……………… 5
N	天蓝黄蘑菇 ……………… 142	棕榈小皮伞 ……………… 118
南方灵芝 ……………… 33	田头菇 ……………… 64	
拟鬼伞（参照种） ……………… 89	土红鹅膏 ……………… 74	
黏菌 ……………… 159	陀螺老伞 ……………… 97	
牛肝菌 ……………… 143		

学名索引

A

Abtylopilus scabrosus ······ 144
Acervus epispartius ······ 6
Agaricus alboumbonatus ······ 58
Agaricus atrodiscus ······ 59
Agaricus bingensis ······ 60
Agaricus crocopeplus ······ 61
Agaricus dolichocaulis ······ 62
Agrocybe pediades ······ 63
Agrocybe praecox ······ 64
Amanita caojizong ······ 65
Amanita exitialis ······ 66
Amanita farinosa ······ 67
Amanita franzii ······ 68
Amanita fritillaria ······ 69
Amanita macrocarpa ······ 70
Amanita oberwinkleriana ······ 71
Amanita ovalispora ······ 72
Amanita pseudoporphyria ······ 73
Amanita rufoferruginea ······ 74
Amanita subglobosa ······ 75
Amanita sychnopyramis f. *subannulata* ······ 76
Amanita vestita ······ 77
Amanita virgineoides ······ 78
Anthracoporus nigropurpureus ······ 145
Antrodia albida ······ 27
Arcyria denudata ······ 160
Aureoboletus sinobadius ······ 146
Auricularia cornea ······ 17

B

Bresadolia uda ······ 28

C

Calocera sinensis ······ 18
Calvatia boninensis ······ 79
Candolleomyces candolleanus ······ 80
Cantharellus luteovirens ······ 56
Clavaria fragilis ······ 23
Clavulina cf. *castaneipes* ······ 24
Clitopilus crispus ······ 81
Collybia sordida ······ 84
Collybiopsis confluens ······ 85
Coltricia weii ······ 29
Conocybe apala ······ 82
Conocybe moseri ······ 83
Coprinellus cf. *domesticus* ······ 87
Coprinellus disseminatus ······ 86
Coprinellus micaceus ······ 88
Coprinopsis cf. *urticicola* ······ 89
Cordyceps cylindrica ······ 7
Cordyceps polyarthra ······ 8

D

Dacryopinax spathularia ······ 19
Daldinia concentrica ······ 9
Dicephalospora rufocornea ······ 10

E

Earliella scabrosa ······ 30

Entoloma azureosquamulosum ······ 90
Entoloma caespitosum ······ 91
Entoloma cf. *tubaeforme* ······ 96
Entoloma flavovelutinum ······ 92
Entoloma omiense ······ 93
Entoloma petchii ······ 94
Entoloma sulcatum ······ 95

F

Fabisporus sanguineus ······ 31
Favolus septatus ······ 32

G

Ganoderma australe ······ 33
Ganoderma lingzhi ······ 34
Ganoderma tropicum ······ 35
Geastrum javanicum ······ 154
Gerronema strombodes ······ 97
Gymnopilus aurantiobrunneus ······ 98
Gymnopilus dilepis ······ 99
Gymnopus foetidus ······ 100
Gyrodontium sacchari ······ 36

H

Heinemannomyces splendidissimus ······ 101
Hexagonia glabra ······ 37
Hexagonia tenuis ······ 38
Hydnum albomagnum ······ 39
Hymenopellis radicata ······ 102
Hypholoma cf. *fasciculare* ······ 103

I

Inosperma muscarium ············· 104
Irpex lacteus ····················· 40

L

Laccaria laccata ·················· 106
Laccaria miniata ················· 105
Lactarius alboscrobiculatus ······· 107
Lentinus arcularius ··············· 41
Lentinus squarrosulus ············ 42
Lepiota cristata ·················· 108
Leucoagaricus tangerinus ········· 109
Leucocoprinus cretaceus ·········· 110
Leucocoprinus fragilissimus ······· 111
Lycoperdon cf. *purpurascens* ····· 155

M

Macrocybe lobayensis ············· 112
Marasmiellus dendroegrus ········· 113
Marasmiellus epochnous ·········· 114
Marasmius berteroi ··············· 115
Marasmius haematocephalus ······· 116
Marasmius jasminodorus ·········· 117
Marasmius palmivorus ············ 118
Marasmius suthepensis ············ 119
Microporus xanthopus ············ 44
Micropsalliota albosericea ········ 120
Micropsalliota furfuracea ········· 121
Micropsalliota cf. *globocystis* ···· 122
Micropsalliota megarubescens ····· 123
Micropsalliota rufosquarrosa ······ 124
Micropsalliota xanthorubescens
·································· 125
Mycena pearsoniana ·············· 126

N

Neofavolus cf. *alveolaris* ········· 43

O

Ophiocordyceps jiangxiensis ······· 11

P

Panus ciliatus ···················· 45
Parasola plicatilis ················ 127
Parvixerocomus aokii ············· 147
Phylloporus bellus ················ 148
Picipes pumilus ·················· 46
Pisolithus arhizus ················ 156
Pleurotus giganteus ··············· 128
Pleurotus pulmonarius ············ 129
Pluteus leoninus ················· 130
Pluteus cf. *diettrichii* ············ 131
Podoscypha sp. ··················· 47
Polyporus mikawae ··············· 48
Polyporus tuberaster ·············· 49
Pseudobaeospora lilacina ·········· 132

R

Ranadivia modesta ················ 50
Resupinatus trichotis ············· 133
Russula flavescens ················ 134
Russula minutula var. *minor* ····· 135
Russula nigrocarpa ··············· 136
Russula punctipes ················ 137

S

Sanguinoderma rugosum ··········· 51
Schizophyllum commune ·········· 138
Scleroderma cepa ················· 158
Scleroderma flavidum ············· 157
Scutellinia pseudovitreola ········· 12
Serpula dendrocalami ············· 52
Stemonitis axifera ················ 161
Strobilomyces latirimosus ········· 149
Sulzbacheromyces sinensis ········· 25

T

Termitomyces intermedius ········· 139
Termitomyces microcarpus ········ 140
Trametes versicolor ··············· 53
Tremella fuciformis ··············· 20
Tremella mesenterica ·············· 21
Trichaleurina tenuispora ·········· 13
Truncospora ochroleuca ··········· 54
Tylopilus griseipurpureus ·········· 150
Tylopilus otsuensis ··············· 151

V

Volvariella nivea ················· 141

X

Xanthagaricus caeruleus ··········· 142
Xerocomus porophyllus ············ 152
Xylaria cubensis ·················· 14
Xylaria nigripes ·················· 15